イチゴ高設栽培の作業便利帳

中休みなし・安定多収のポイント

伏原 肇
［著］

農文協

収穫期の高設栽培イチゴ

‘あまおう’福岡県
果実が葉の影にならないよう「葉除け」が行なわれている

‘かおり野’沖縄県
(写真提供：徳元さちよ氏)

溢液現象《いつえき》

吸収した養水分の余剰が葉の水孔からでてくる現象で，吸水，吸肥が盛んなことを示している

葉縁からの溢液現象

溢液が乾いたあとの白い斑

定植後の発根状況

定植１～２週間後には，根鉢の外側に5～10cmの新根が多くみえてきて，肥料への食いつきも旺盛になる

定植５日後

定植10日後

春の親株から**のランナー発生状況**

新葉の葉腋から発生しているランナー
ランナーは，休眠覚醒後発生した葉（新葉）の葉腋から１本しか発生しない。前年の葉（古葉）の葉腋からは発生しない

多数の葉腋がついている親株
強い腋芽が多く発生しており，ランナー数も多くなる

こんな腋芽は**摘除**する

基部がランナー状に伸長した腋芽（写真右）と取り除いた腋芽（写真左）
この腋芽からもランナーは発生するが，弱いので細いランナーになる。ランナー発生数の多い株では早めに摘除する

クラウン下部から発生したドロ芽
地ぎわ部の弱い腋芽（ドロ芽）ではランナーが細く，とれる子苗数も少ないので早めに摘除する

最初に発生する**子苗（太郎苗）**の**あつかい方**

太郎苗（１次苗）は，それ以降発生した子苗との生育差が大きくなるので使わない

根が培土におりるとすぐ発根するので，早めに掘り上げておく

太郎苗の根が培土におりないよう，培土から離し，葉はすべて摘除する

発生したランナーと太郎苗

定植時の苗の姿

クラウンが大きく，白根が多い

果房をだしたい方向に傾けて定植する

定植した状態

定植のやり方
- クラウンの地ぎわ部を架台の縁の高さに合わせる
- クラウンの位置は架台の縁から 5cm の位置に合わせる
- 果房をだしたい方向にクラウンを傾けて植える

植え方のちがいと根の伸長状況（10 月 3 日定植，10 月 29 日掘り上げ）

浅植え（左）
深植え（中）
標準植え（右）

根の比較（左から浅植え，深植え，標準植え）
浅植えはクラウンからの直根（ゴボウ根）の発生が少ない。深植えは芯部が土に埋もれており，今後芽枯れなどが発生する

1 回目の葉かき

定植の約 2 週間後，新葉が 3 枚程度出現したころ，枯れた葉や傷ついた葉を摘除する

葉かき前

葉かき後

花芽分化期の生長点

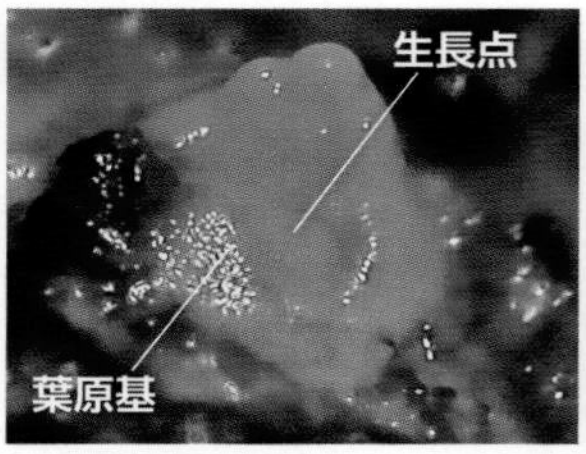

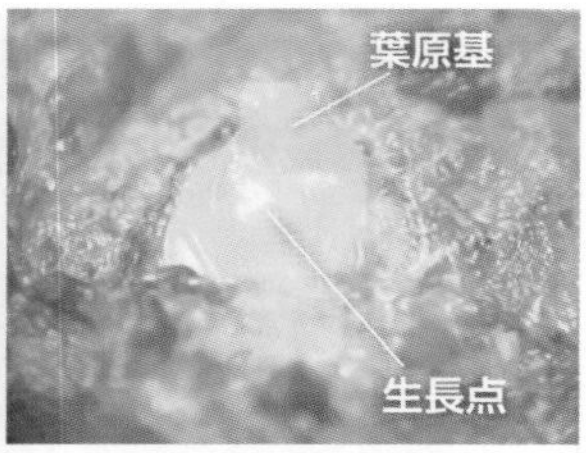

左：未分化
右：頂果房分化初期

頂果房の果（花）序と花茎分化状況

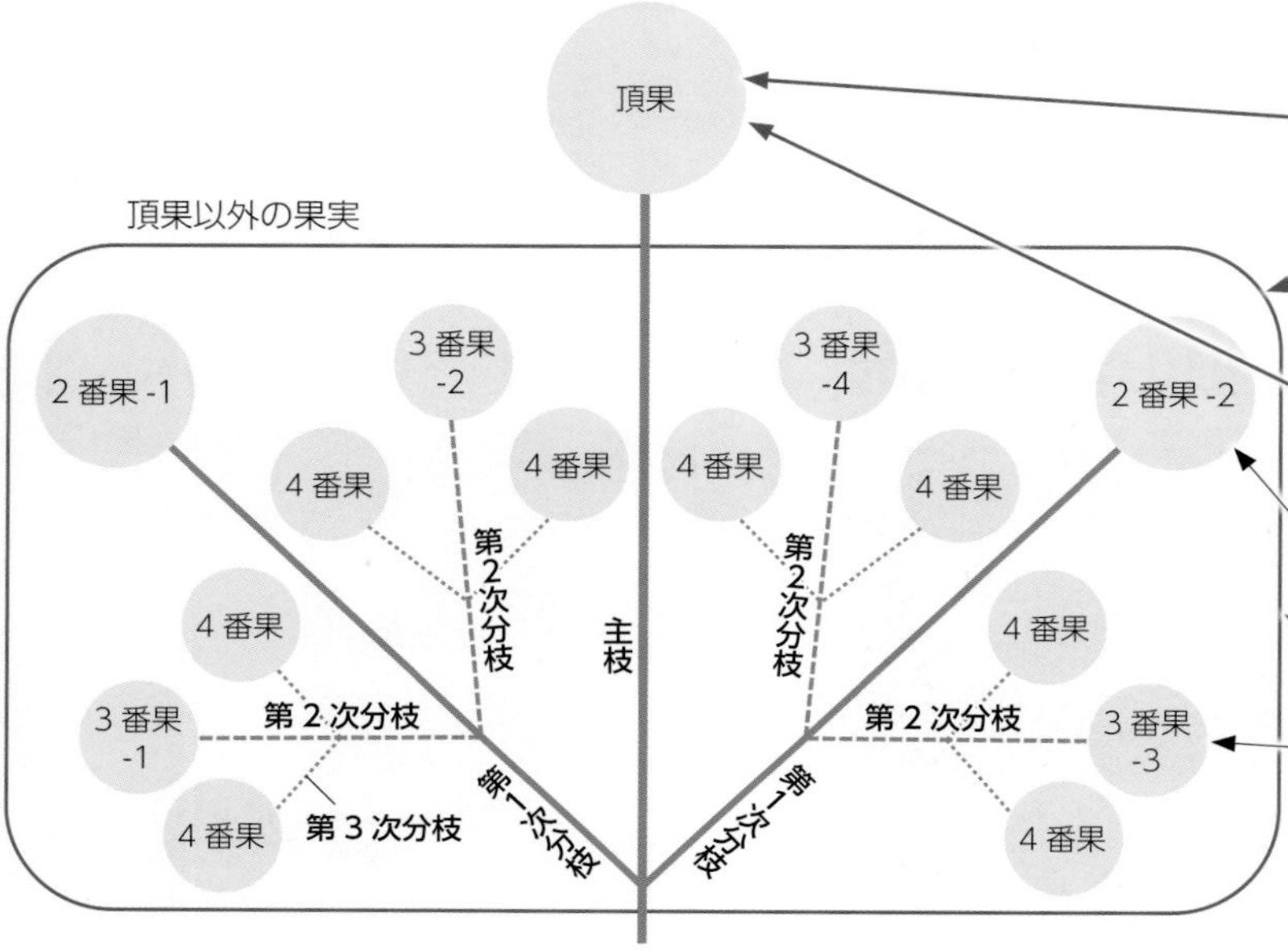

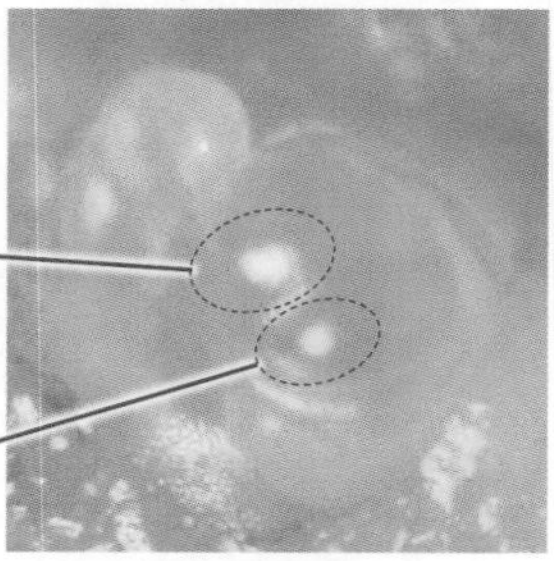

頂果房分化始め

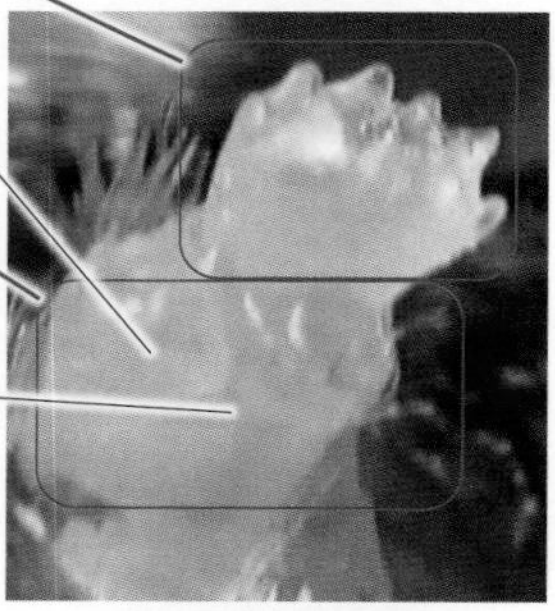

花房分化期　2 番果以降の分化も始まっている

主枝に頂果（1 番果）ができ，主枝から第 1 次分枝が 2 本でて 2 番果がつき，第 1 次分枝から第 2 次分枝が各 2 本でて 3 番果がつく。同じパターンで第 3，第 4 と分枝をだし，4 番果，5 番果とつけていく
ここでは頂果房の果 (花) 序と花茎分化について示したが，腋果房も同様の果 (花) 序と花茎分化を示す

10 月下旬の花芽の生育状況（'あまおう'）

頂芽と腋芽

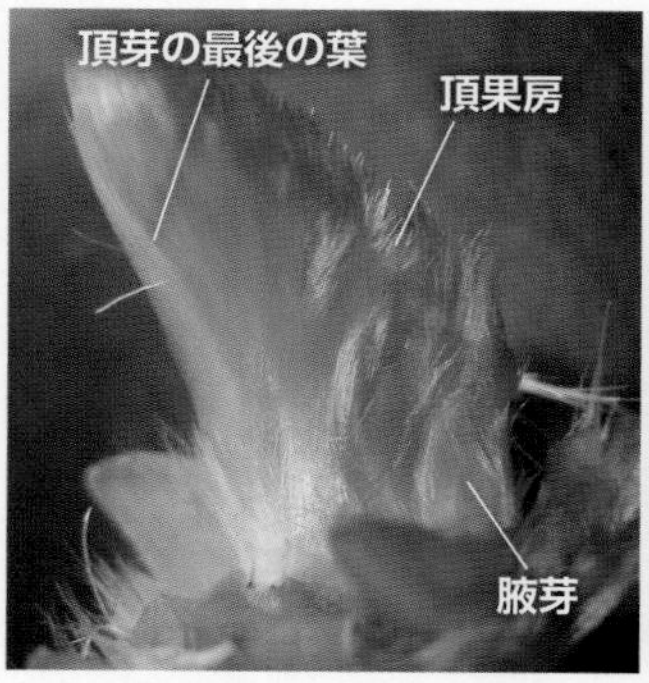

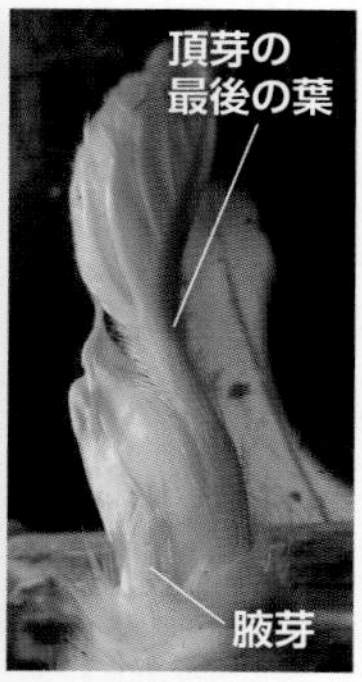

頂芽はこの葉が出現後，蕾がみえる。腋芽は葉数が 4 枚程度分化しているが，まだ花芽分化していない

頂芽の内葉数 1 枚時の頂果房の頂果（1 番果）の発育状況

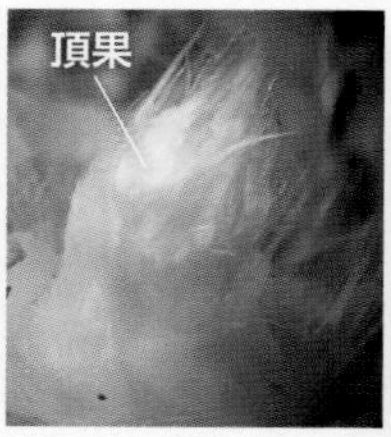

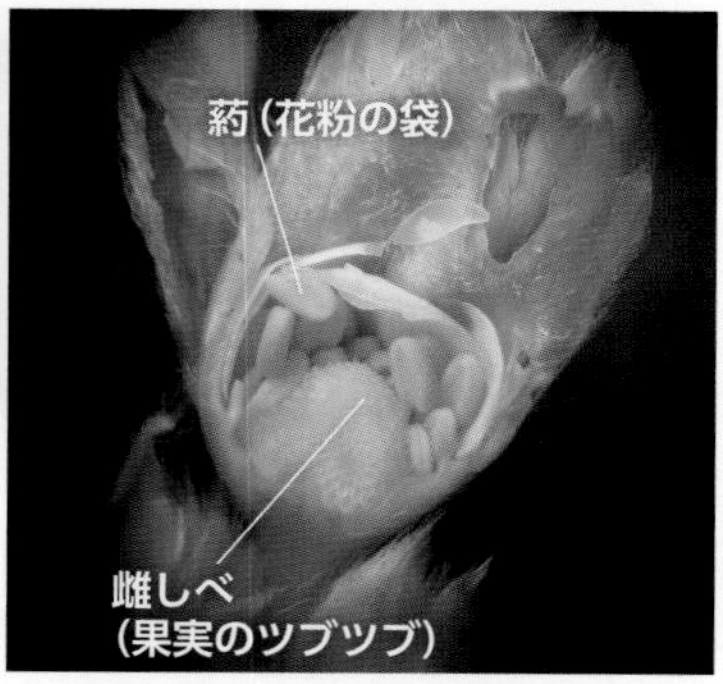

葯は完成し，雌しべもほぼ分化が終わっている。
この時点で果実の大きさはほぼ決定している

まえがき

前著『イチゴの高設栽培』発刊から20年経過した。当時、高設栽培は作業環境の大きな改善が期待され、普及が始まったが、その後の普及はなかなかすすんでいないのが現状である。その原因は、当初からコストや収量性の問題が課題であったが、20年経過した現在も解決していないことにある。

高設栽培は地床栽培にくらべ導入コストがかかるので、それに見合った収量を上げなければ経営は安定しないが、むしろ地床栽培より低い例が多い。その一番の原因は、水管理といっても過言ではない。土壌から切り離された、狭い栽培槽での水管理がイチゴの生育に与える影響は地床栽培の比ではない。地床栽培では多少のかん水ムラは、土壌が調整してくれるが、高設栽培ではそれがないので、そのまま生育のムラとなってあらわれる。水管理の重要性の認識と改善が、高設栽培で安定的に多収するための出発点といえよう。

また、高設栽培を開発した当初からみれば、少量多回数かん水の装置や各種資材をはじめ、温度や炭酸ガスなどの環境要因のモニタリング方法や、データの記録・保存手段が格段に進化している。環境制御についても、先進的な装置の導入もすすみつつある。これらの資・器材は、入手しやすい価格で流通するようになっているが、その使い方が十分に理解されたうえで使われているかどうか不安なところがある。また、大量のデータが保存されても、その処理能力が追いつかないのが現状ではないだろうか。あらためて、生産者が自らそのデータを活用して、自身の課題や問題解決の糸口にするということが求められているように感じている。そして、できるだけ体系的な視点にたって、自らの栽培技術を検討し再構築することが必要ではないだろうか。

海外に目を向ければ、近隣の中国や韓国でのイチゴ新品種開発や栽培技術の進展速度は、日本より格段に急であるという実感がある。日本国内について俯瞰的にみると、ここ十数年のイチゴ生産状況は、ほとんど大きな変化はみられないというのが現状ではないだろうか。北海道から沖縄県だけでなく、海外を含めてイチゴ生産者の現状や栽培上の課題などを、幅広い関係者に教えていただき、実際の栽培状況やイチゴの反応といった事実とともに、自らの実用規模の施設での実証もふまえ、できるだけ数値化し、それをもとに体系的に組み立てたのが本書である。エピソードではなく、エビデンスを重視した結果をまとめたつもりである。イチゴ生産者の日常的な技術判断の指針として、具体的に参考にしていただければ幸いである。

本書を出版するにあたり、生産現場でお世話になった多くの方々に感謝申し上げます。また出版の労をとっていただいた農文協の丸山様には、辛抱強く御指導を賜りましたことに厚く御礼を申し上げるしだいです。

伏原　肇

２０２３年９月

イチゴ高設栽培の作業便利帳

目次

第2章 採苗と育苗管理

第3章 定植前の準備と定植

第4章 定植後の初期管理

第5章 収穫期の管理

第1章 親株の準備と管理

1 子苗を早めに多く養成するポイント

ランナーを早めに発生させる

しっかりした子苗を早めに多く養成するためには、ランナーを早めに発生させる必要がある。そのためには、親株を十分な低温に遭遇させ、休眠を覚醒させておくことが大切である。

現場では、同じ地域でも、山間部のほうが平地よりランナーの発生時期が早く旺盛になることがよくみられる。これは、山間部のほうが平地にくらべて気温が低いので、冬の低温遭遇量が多くなるためである。ただ、春の温度が低いと生育速度が上がらないので、このちがいはわかりにくくなる。そんな場合も、親株を植付ける場所によって、ランナーの発生時期がちがうことも念頭におかなければならない。

なお、必要な低温遭遇量は品種によってちがい、晩生品種にくらべて早生品種の必要低温遭遇量は少ない。

親株の植付けは11月までに行なう

親株の植付けは、地温が比較的高い時期の秋植えを原則とする。

地温が低くなる前にプランターなどに植付けるのは、寒くなって生育が停滞するまでに根張りを促し、しっかりした親株に仕立てておくためである。

植付け時期は、厳密な基準ではないが、平均気温が15℃を下回るころまでに行なうことを一応の目安とする。したがって、西日本より気温が低くなる時期が早い関東、東北では、早めに植付けをすませておく。

イチゴの苗は低温には相当強く、植付けたのち、十分に根張りした株はマイナス10℃程度の低温に遭遇しても枯れることはない。しかし、生育は停滞する。生育を促すためには、地温がある程度高いことが欠かせない。そのため秋に苗を植付けたあとは、雨よけ程度のハウスでもよいので、できるだけ10℃以上の地温を確保し、根の伸長や株の充実が停滞しないようにする。

とくに、露地での育苗では、低温に遭遇する前の11月上旬までには親株の植付けを終わらせ、厳寒期にはいって地温が低下する前までに根張りを促しておく（図1－1）。

収穫期終盤の5～6月に、生産株から発生し

図 1-1　厳寒期の親株（露地）
葉色が褪色することなく緑色の状態で越冬

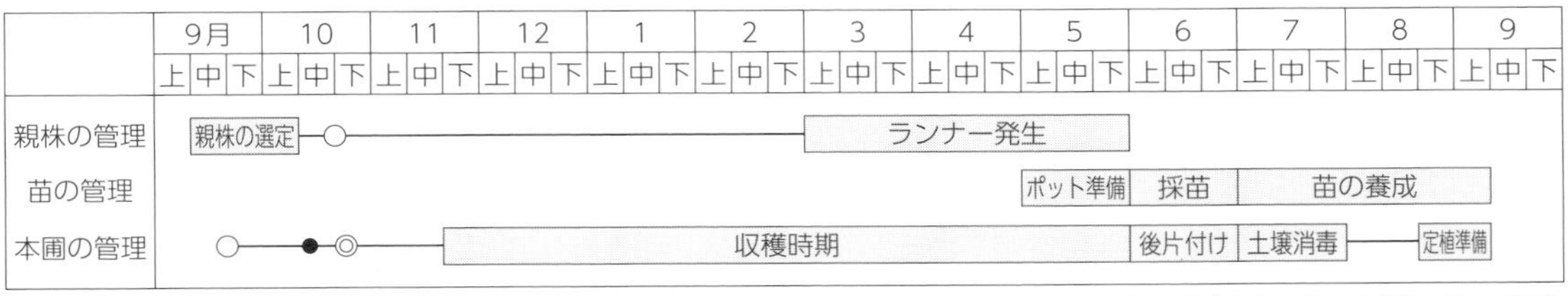

図 1-2　一般的な促成栽培の生育とおもな作業　○：植付け　●：出蕾　◎：開花

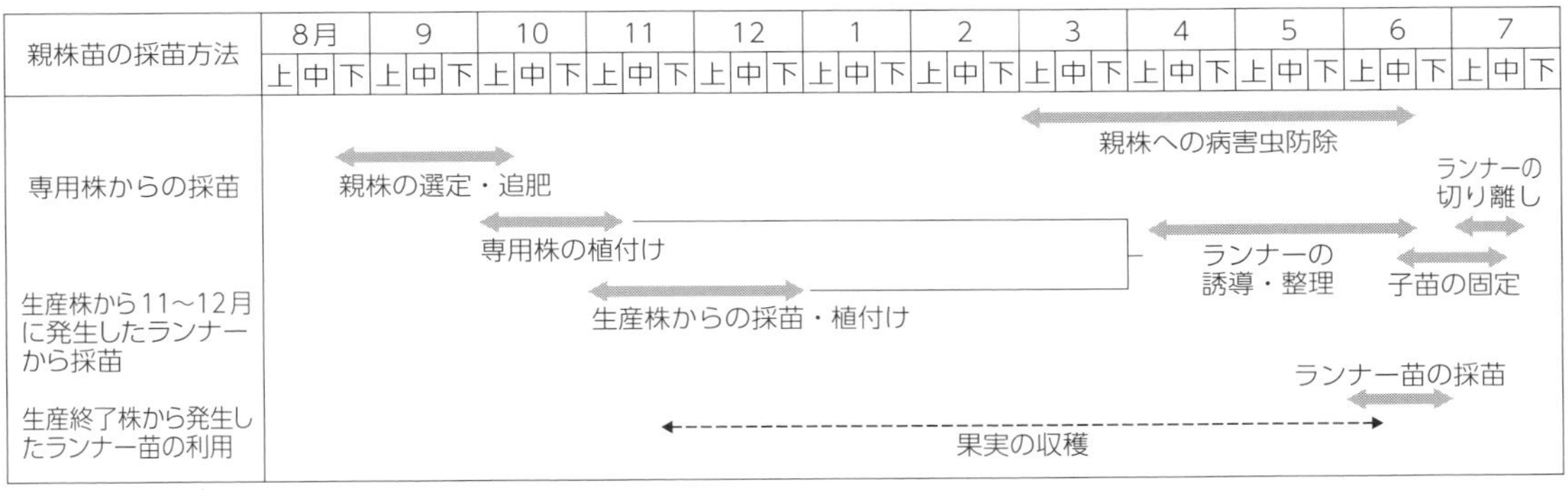

図 1-3　親株苗の採苗方法のちがいと管理の概要

た子苗を親株として苗の生産に利用することもできるが、この方法では親株からとれる充実した子苗の数は5～10本とかなり少なくなる。

また、生産株が炭疽病にかかっている、あるいはかかっている可能性が高い場合は、子苗の感染リスクが高くなるので、このような状況と判断される場合は生産株からの子苗採取はやめる。

春からの新葉を多く確保する

親株からのランナーは、春になって休眠が明けてから発生する。ランナーは新葉の葉腋から1本発生する。そして、前年の秋、植付けたときについていた葉（古葉）の葉腋からはランナーは発生しない。したがって、ランナーを多く発生させるためには、春になってでてくる新葉をできるだけ多く確保する必要がある（図1－4、5）。

新葉の発生数を多くするためには、出葉速度を速めることも考えられるが、実際には苗による新葉の出葉速度には大きなちがいはなく、1芽当たりのランナー数も大きくはかわらない。

新葉の発生数を多くするためには、主芽だけでなく、充実した大きな腋芽の数を多く確保することが必要である。そうすることで、一定期間内に発生する1株当たりの新葉数が多くなるので、その分ランナーも多く発生することになる。

図 1-4　多数の葉腋がついている親株
強い腋芽が多く発生しており，ランナー数も多くなる

図 1-5　春の親株からのランナー発生状況
ランナーは，休眠覚醒後発生した葉（新葉）の葉腋から 1 本しか発生しない。前年の葉（古葉）の葉腋からは発生しない

また、腋芽が大きいほどしっかりした太いランナーが発生し、ランナーが太くなるほど、しっかりした子苗が着生する。ドロ芽（クラウンの地ぎわ部から発生する芽）のような貧弱な腋芽からは、貧弱なランナーしか発生しないので、他のランナーを活かすためには摘除する（図1－6、7）。

太い腋芽の発生を促すためにも、厳寒期にはいる前までに根張りを促し、しっかりした親株にしてから越冬させるようにする。

太郎苗は使わない
ーしかし、こんな場合は利用する

親株から早期に発生した子苗（1次苗、いわゆる太郎苗）はそのまま子苗として使うと、それ以降発生した子苗との生育差が大きくなり、末端の子苗のランナー切り離し時期には徒長してあつかいづらくなる。

ランナーは、親株からだけでなく、子苗の根元やランナーの中間から分岐しても発生するので、子苗数は太郎苗より2次苗（次郎苗）、3

図1-6　基部がランナー状に伸長した腋芽（⇨）と取り除いた腋芽（右）
この腋芽からもランナーは発生するが，弱いので細いランナーになる。ランナー発生数の多い株では早めに摘除する

図1-7　クラウン下部から発生したドロ芽
残しておいてもランナーが細く，とれる子苗数も少ないので早めに摘除する

発生したランナーと太郎苗

太郎苗の根が培土におりないよう，培土から離し，葉はすべて摘除する

根が培土におりるとすぐ発根するので，早めに掘り上げておく

図1-8　最初に発生する子苗（1次苗，太郎苗）のあつかい方

老化して発根部がコルク化した太郎苗

新根は老化した根のすき間からしか伸長できない

図1-9　培土におりないで老化した太郎苗

次苗（三郎苗）になるほど多くなる。したがって、一定期間内にそろった苗を確保するためには、ランナー発生初期に発生した太郎苗は根付かせず、つぎに発生する2次苗や3次苗を中心に苗に仕上げる。

なお、太郎苗を摘除するときにランナーごと切り取ると、それにつながっていた2次苗や3次苗がとれなくなるので、根付かせないだけで、切り取ることはしない（図1－8、9）。

なお、太郎苗とか2次苗などの発生次数と苗の質は無関係である。また、同じ太郎苗でも、遅れて出てきたランナーの太郎苗は、2次苗など同じように子苗として利用できる。

親株が小さい場合は、充実した太い腋芽がほとんど発生しないので、それだけランナー数も少なくなる。そのようなときには、初期に発生した太郎苗を親株の横に挿して、そこからでるランナーも利用することで、親株1株当たりのランナー数をより多く確保することができる。

2 親株の選び方と準備

ランナー発生用の専用親株を準備する

一定のランナー数を確保し、炭疽病への感染リスクを低減するためには、親株は秋に植付ける専用株を準備する。

専用株は、果実生産用として定植したあとの残り株ではなく、育苗後期に健全な苗をあらかじめ選定しておき、親株として植付けるまで、固形肥料を継続的に施用して充実した苗に仕上げておく。

ポットのまま育苗床に置いた状態では苗が消耗するので、生産株の本圃への定植がすんだあと、すみやかに親株用のプランターや大きめ（15～21cm程度）のポットに植付ける。このように管理することで充実した親株が確保でき、翌春のランナー発生も旺盛になる。

前年、病害（とくに炭疽病や萎黄病）が発生した苗床から採苗した親株は、絶対に使わないようにする。

なお、炭疽病は越冬時でも葉柄基部で生きた状態で存在することがわかっているので、対策を徹底するためには、予防のための親株の防除を徹底する。後述するが、気温が上がってくる3月以降、親株の芯葉が動きだすころから防除を始めて、1週間から10日間隔で定期的な防除に心がける。

生産株から11～12月に発生したランナーを利用する場合

春に、生産株（ハウス内で果実を生産していた株）から発生する子苗を親株として利用するのは、炭疽病に感染しているリスクが高いので、避けたほうがよい。

しかし、生産用として植付けた株から、11～12月に発生したランナーから採取した子苗を親株として使う場合は（図1－10）、炭疽病に感染しているリスクは小さい。

炭疽病菌はランナー内部を移動しないし、フィルムを被覆したハウス内は雨よけ状態なので、胞子を飛散させるような雨が当たらない。したがって、ランナー発生後、短期間にスムーズに採取した子苗が炭疽病に罹病しているリスクは低い。

ハウスにフィルムを被覆した状態で、11～12

使用する品種は育成者権の確認が必要

イチゴには育成者権がある品種が多く、増殖を含めて栽培できる条件は育成者によって大きくちがう。無用なトラブルを避けるためには、栽培する品種は育成者に確認をとって選ぶことが必要である。一度導入した品種でも、自家増殖について制限を設けている品種もあるので、その点も十分確認しておく。

また、無償であっても、購入した品種を勝手に他者へ譲ることはできない。

月に生産株から発生した子苗は、炭疽病の感染リスクが非常に低いので、翌年の親株数が確保できていない場合は利用するとよい。ただ、低温期になるので、子苗を養成する場所は、露地ではなく保温できる場所を確保する。

採苗には発根維持資材「つるート」を取り付け、1日1回程度の頻度で水をいれたバケツなどに浸け、たっぷり吸水させる。こうすることで、乾燥することなく新根の発生がスムーズにすすみ、活着も早くなるので歩留まりも高くなる（図1－11、12）（第2章4項「採苗の方法」も参照）。

11月ころのランナー　　5月ころのランナー

図 1-10　生産株から発生しているランナー

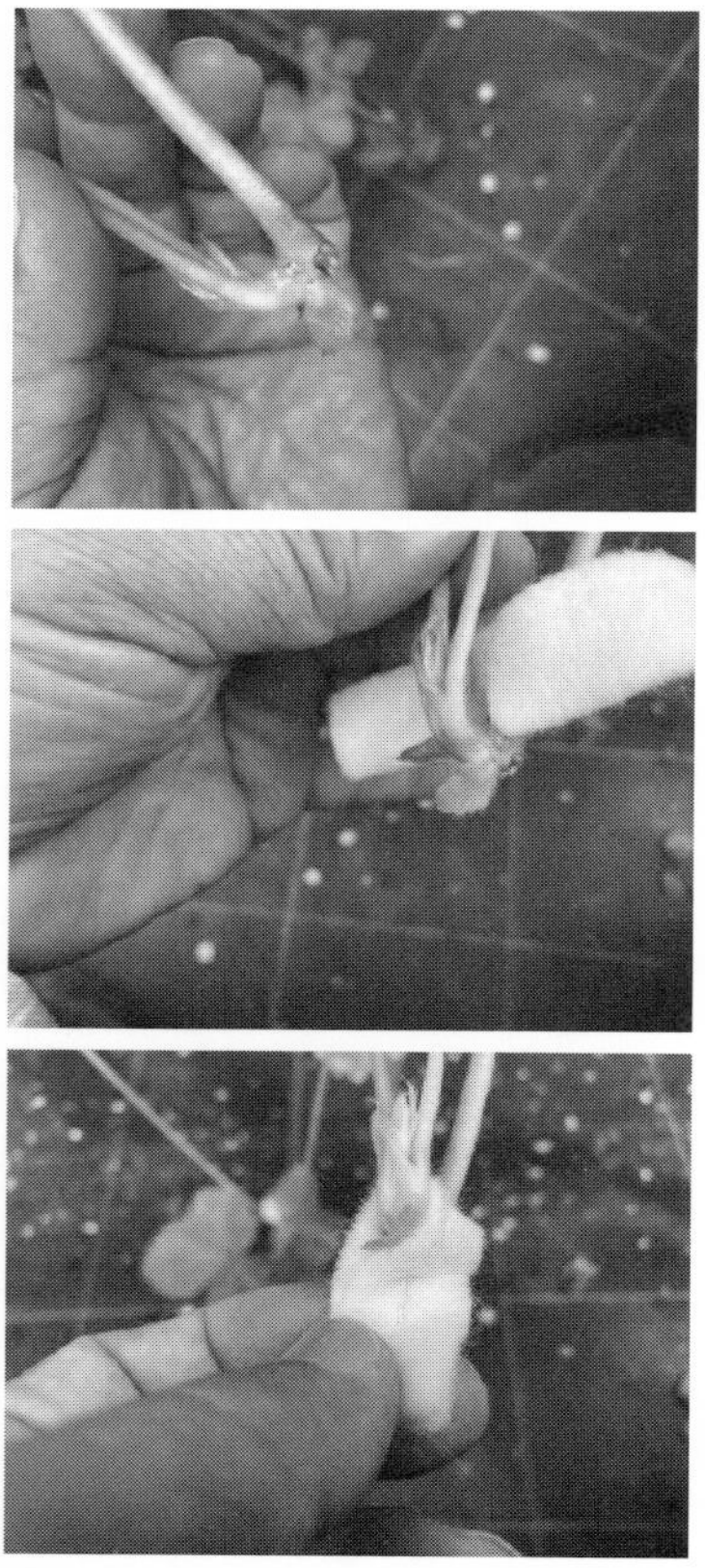

図 1-12　つるートの取り付け方法
切れ目とステップルの取り付け位置，向きに注意する

④厳寒期の苗の養生になるので，発根を促すために保温できるハウスやトンネルで養生して親株にする

⑤植付け 1 カ月後の根張り

①ランナーにつるートを取り付けた状態

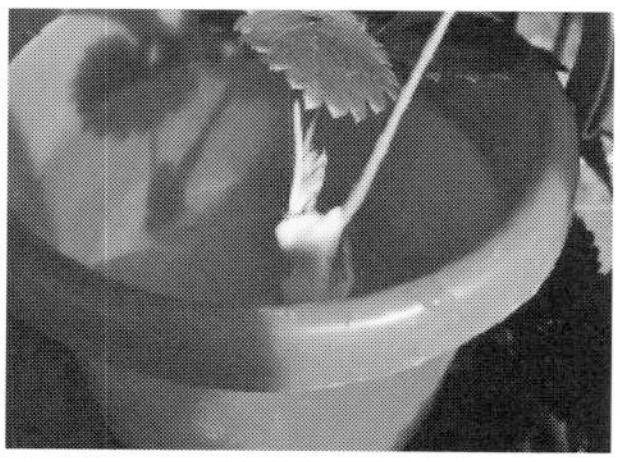

②バケツにいれた水に，つるートがついたままの子苗を毎日 1 回浸け，たっぷり吸水させる

③白い根がつるートの末端まで伸びたら切り離し，ピンセットでつるートの下部をつかんで，そのまま培土に挿し込む

図 1-11　秋に本圃で発生するランナーを「つるート」を使って採取し親株とする養成法

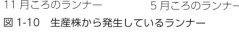

生産株のランナー苗を本圃に固定して生産株に仕上げるリスク

育苗労力の低減や、苗が不足することが予想される場合に、生産が終わったあとの株をそのまま本圃に残しておき、その株から発生したランナー苗を6～7月に本圃に固定し、次年度の生産株として仕上げる方法もある。

この方法では親株や子苗の養成が不要になるが、親株になる生産株の古い茎葉が残った状態になるので、そこに生き残っていた病害虫を持ち越すことになり、病害虫の感染リスクがかなり高くなる。

防除する場合も、本圃の面積分の防除が必要になるので、育苗床にくらべて範囲が広くなり、手間と経費がかかる。しかも、同じ場所に親株と子苗が同居することになり、生育差が大きいために、花芽分化をそろえるための窒素制御などで均一な管理がむずかしい。

生産株から採苗した子苗は不時出蕾しやすい

また生産株から採苗した子苗は、炭疽病感染リスクに加えて、7～8月に不時出蕾（育苗時に出蕾・開花する）が発生しやすい。この不時出蕾は、ランナー発生元の生産株の影響がランナーを介して発現するため、子苗にまで花芽が形成されやすくなって発生する。

不時出蕾した子苗は花芽の発育に養分が奪われるので、それだけ株の消耗が激しくなり、充実した子苗に仕上がりにくい。出蕾を確認した苗は、みつけしだい果房ごと摘除する。

なお、すみやかに果房を摘除すれば、不時出蕾した子苗を果実生産用の定植用苗として利用しても、花芽分化時期に不時出蕾の影響はあらわれない。また、不時出蕾した株であっても、その後の花芽分化が早くなることはない。

親株の蒸熱処理による病害虫防除

以前から、苗を熱処理することによって病害虫防除ができることは知られていたが、実際の利用には処理時の温度の均一化などの制御がむずかしかった。その後、農研機構九州沖縄センター（久留米研究拠点）で、簡単に処理できる蒸熱処理装置を開発した。

これは、コンテナにいれた親株のポット苗を、45～50℃の飽和蒸気圧下で10分程度処理する方法である（図1－13、14）。使用にあたっては、利用マニュアルを共同研究に参画した農研機構、メーカーや県（福岡県、佐賀県、熊本県）の試験場で作成しているので、参考にするとよい。

この処理によって、親株のうどんこ病やダニ類など病害虫の無病・無虫化ができ、病害虫の

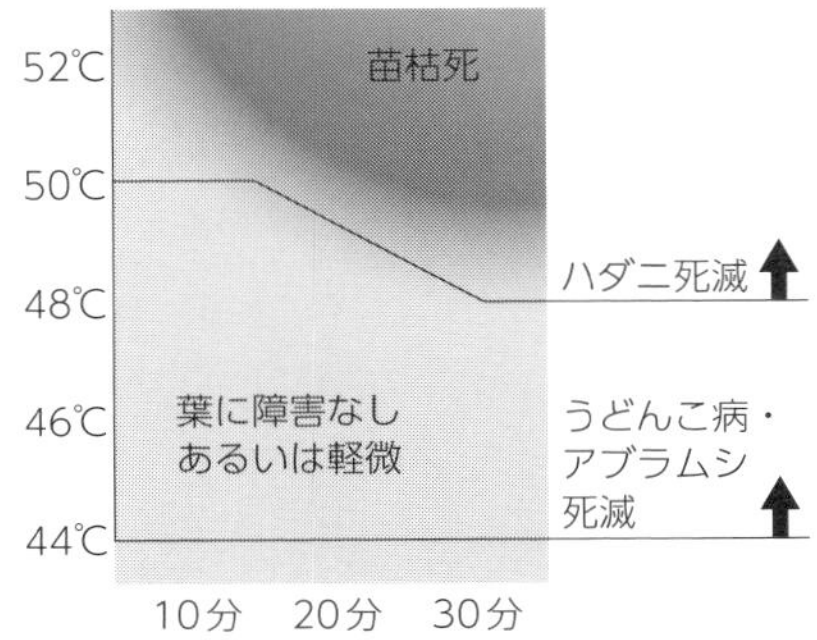

図 1-14　蒸熱処理の温度，処理時間と効果
45～50℃，10 分程度の処理で効果があり，苗に障害がでない

加熱した飽和水蒸気が全体に回って，コンテナのすき間からはいる

コンテナにできるだけ均等に苗をいれ，空のコンテナはフィルムで包むことで，加熱した飽和水蒸気が全体に回って，コンテナのすき間からはいる

図 1-13　ポータブル蒸熱処理装置（1.5 坪冷蔵庫を利用）

リスクをかなり低減できるので、結果的に化学農薬の使用量を減らすこともできる。

当然であるが、蒸熱処理は定植前の果実生産用の苗にも行なうことができ、同じ効果が期待できる。ただし、株の小さなプラグ苗やクラウン径が5mm程度の小さい苗は、処理時の熱による葉への障害の発生が多くなるので、このような苗の処理は避けたほうが無難である。

蒸熱処理装置はFTH社、エモテント・アグリ社などで販売している。

親株の植付け前冷蔵処理

親株を植付ける前に冷蔵処理（5℃で3週間程度）を行ない、処理終了後すみやかに植付けるとよい。この処理によって休眠覚醒のための低温遭遇時間が満たされ、春のランナー発生が早くなり、質の高い子苗の大量生産ができる。とくに、冬の気温が比較的高い西南暖地では、低温遭遇時間が短いこともあって効果があらわれやすい。

もちろん冷蔵処理しなくてもランナーはそれなりに発生するが、確保している親株数が少ない場合には利用したほうがよい。

大部分の生産者は、収穫した果実の鮮度保持のための冷蔵庫を導入しているが、この時期（10月ころ）は収穫した果実の鮮度保持用としては使われていないので、冷蔵処理にはその冷蔵庫が利用できる。

生産者が導入している一般的な冷蔵庫内は、思ったより強い冷風が当たるので、ポット培養土が意外に乾燥しやすい。入庫したポット培養土が十分冷えた1～2日後に、直接冷風が当たらないように全体をフィルムで覆う。

また、冷蔵処理期間中は培養土の湿りをときどき確認し、乾燥している場合はいったん冷蔵庫外へだしてかん水し、ポットからの排液がなくなったことを確認してから再入庫する。

暗黒条件下での低温処理になるので、処理期間が長くなると株の消耗が大きくなり、定植後の生育が停滞するので、冷蔵処理期間は長くても4週間程度にとどめる。

実生苗（種子から育苗した苗）の利用について

・セル苗の移植苗定植と直接定植がある

最近は、親株が不要な、実生苗（ランナーではなく種子から育苗した苗）を利用する育苗も行なわれている。市販品種は〝よつぼし〟だけであったが、最近新たに三好アグリテック社から数品種が販売されている。

種子繁殖性イチゴ品種〝よつぼし〟の栽培は、5月ころに406～200穴のセルトレイに播種することから育苗がスタートする。通常の栽培では、406～200穴のセルトレイの苗を、播種後1・5カ月程度経過したのち、6～7・5cmのポリポットに移植し、できるだけ大きめの苗に仕上げてから、花芽分化確認後に定植することが多い（図1－15）。

また、ポリポットへ移植することなく、72穴セル苗を9月に定植する方法もある。この場合は本圃で花芽分化することになるが、実生苗は花芽分化に適切な条件でも、ある程度株が成熟（発芽後に出現する葉が15枚（外葉10枚＋内葉5枚）程度分化したのち）しないと花芽分化しない性質があるので、収穫開始時期は1月ころになる。

しかし、播種を遅くして8月中下旬に定植すれば、9月末日ころまでに苗が成熟し本圃で花芽分化するので、12月から収穫が始まる。

また、セル苗を7月ころに本圃へ定植する方法もあるが、酷暑時期に小さな苗を植えることになるので、そろった苗を養成するための管理がむずかしい。この場合は遮熱資材を展張して、できるだけ高温遭遇を避ける対策が必要になる。また、培養土が乾燥しないようなかん水管理も不可欠である。

定植時期の実生苗は小さく、ランナー繁殖苗にくらべると大きなちがいがある。しかし、定植後の生育は非常に旺盛で、定植して1カ月程度経過すると、ランナー繁殖苗とかわらないくらい大きくなる（図1－16）。

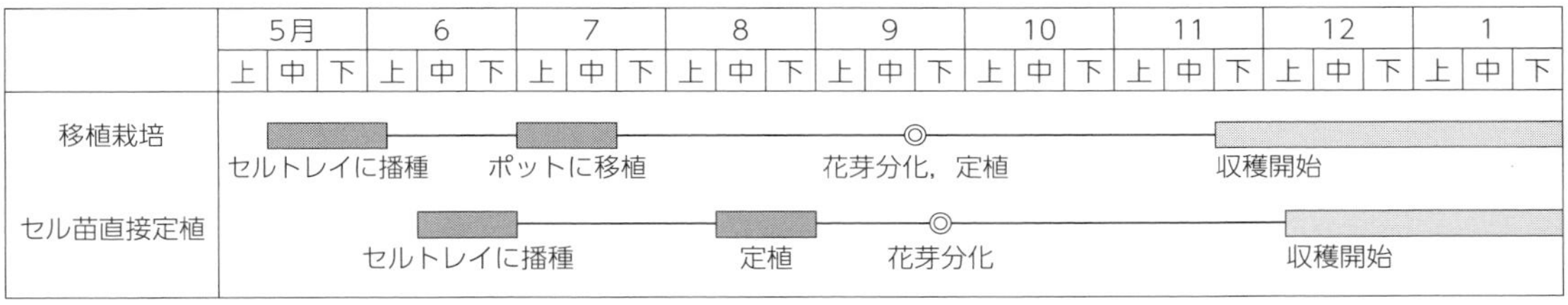

図 1-15　実生苗づくりの概要（品種‘よつぼし’）

購入したセル苗（72 穴トレイ）の生育状況

仕上がった定植苗（セル苗の直接定植，9 月 22 日）

収穫期の果実と着果状況（12 月 15 日）

図 1-16　実生繁殖性品種‘よつぼし’の定植苗と着果状況
播種：7 月 20 日，定植：9 月 22 日，72 穴トレイで育苗

・実生苗利用の利点と注意点

種子繁殖性イチゴの最大の利点は、ほぼ無病・無虫な種子から栽培がスタートするので、ランナー繁殖苗のように、親株から始まる通常の育苗作業の必要がなくなるとともに、病害虫への感染リスクがきわめて低いという点である。‘よつぼし’はランナーの発生も旺盛なので、次年度に親株として利用することもあるようだが、その場合には、こうした実生苗の利点がなくなることも理解しておく必要がある。

イチゴの種子は、播種後、発芽までの日数が1週間～10日以上と長く、休眠もあるので、温度や湿度などを適切に制御して管理しなければ、発芽の不ぞろいが発生しやすくなり、それだけロスが大きくなる。また発芽後の生育には、使用する培養土の影響も大きい。

‘よつぼし’栽培にはじめて取り組む場合は、自家育苗ではなく、株数が保証されている種苗メーカーが養成した苗の購入が無難である。栽培に慣れて、播種後発芽までの管理に自信ができてから、自家育苗に取り組んだほうがよい。

一般に栽培されている品種は、遺伝的には雑種なので、自家受粉して採種した種子を播種しても、元の品種と同じ形質はあらわれない。‘よつぼし’は、遺伝的に混じりのない親（純系）同士を交配してF_1にすることで、遺伝的にそろった種子を生産している。そのため、他の野菜のF_1品種と同様に、‘よつぼし’から自家採種して苗を育てても、遺伝的なバラツキがあるために、‘よつぼし’と同じ苗にはならない。

3 培養土と栽培施設の選び方と設置

栽培容器は容量の大きいものを

親株の栽培容器は無病で、できるだけ容量の大きいものを使う。小さいとどうしても土壌水分含量が不安定で土壌の乾湿が大きくなり、その結果親株の生育がバラツキやすくなる。内容量が15ℓ程度のプランターや、鉢径15～21cm程度のポリポットを使用することが多い（図1－17）。

プランターにくらべて、ポリポットは移動しやすく並べやすい。しかし、かん水に点滴チューブを使う場合、各ポットへのかん水ムラがでないように、かん水チューブの詰まりやドリップ位置の確認が欠かせない。

炭疽病などが発病した履歴があれば、迷わずすべて新規のものに更新する。

多少水持ちがよく、保肥力が高い培養土を選ぶ

親株の生育時期である秋から厳寒期と、苗の生育時期である夏では温度条件が大きくちがう。そのため、親株用と育苗用では適した培養土の特性がちがう。

プランターを使った親株床では、親株の生育を順調にすすめるためには、育苗用より多少水持ちがよく、保肥力の高い培養土を選ぶ。もちろん、無病な培養土を準備することは必須である。

培養土の原土は、イチゴを栽培していない山間部から採土することが多いが、原土を採土する現場では土質がかわることが多く、生育にも影響することがあるので、培養土を選定するためには過去の実績を重視する。

また、イチゴは他の品目にくらべて栽培面積当たりに使う苗数が多く、使う量も多いため、育苗圃場までの輸送費が培養土の価格に大きく影響する。したがって、同質の培養土であれば、採土や製造場所が近いほど輸送費が軽減でき安価になるので、そのことを念頭において培養土を選定することも重要である。

ポットのはいったトレイを設置したローラーコンベアーに並べる

ローラーコンベアーから順にトレイを苗床にはこんで並べる

苗床に並べた親株とトレイ

図1-17　培養土を充填したポット（トレイ）の苗床への搬送作業の省力化＝ローラーコンベアーの活用

点滴チューブの配置と水圧

親株床の培養土を乾燥させない管理が必要だが、冬場は蒸散や土壌表面からの蒸発が少ないので土壌が乾きにくく、かん水を怠りがちになる。土壌が乾燥すると生育が停滞するので、親株床の観察を怠らないようにする。

点滴チューブを使ってかん水する場合は、点滴チューブをプランターの縦方向に沿って配置しておく。

点滴チューブを使う場合、とくに注意しなくてはならないのは、適正な水圧を保つことである。ホースなどでかん水するときの水圧の感覚では、圧力が高すぎて、点滴チューブが膨らみすぎて破裂してしまうことがある。点滴チューブがパンパンに膨れる直前でとどまる程度になるようバルブなどを調節する。

点滴チューブには、製品ごとにそれぞれ適正水圧が記載されているので、新規に設置する場合は一度水圧を測定しておいたほうがよい。

スプリンクラーや散水チューブによるかん水の注意点

スプリンクラーや散水チューブは、設置は比較的簡単にできるが、親株床全体へのかん水になるので、かん水量は点滴チューブにくらべてかなり多くなる。また、風の影響を受けやすい

ので、親株床周辺部にもかん水資材の配管を設置するとともに、かん水時にはムラなくかかっているかの確認が欠かせない。

ベンチ栽培は病害虫防除にも有効

親株もベンチで栽培するほうが、作業姿勢の改善だけでなく、かん水時の地面からの跳ね返りが少なくなるので、病害虫防除の観点からも望ましい（図1－18）。

ベンチ式の育苗では、ベンチ下の中央部に縦方向に排水溝を設けておき、作業する通路は少し高くなるように整地しておく。そして床面には雑草の発生を抑えるために、防草シート（グランドシート）を敷いておく。

図1-18　ベンチ上に設置したプランターの親株と鉢受け用トレイの配置

通路は使ううちに歩いた跡がへこんで平坦ではなくなり、たまり水ができやすくなり、滑りやすくなる。水たまりには硬い棒などを使って穴をあけるなど、通路部分はできるだけ水たまりのない乾いた状態を維持する。

また、親株のプランターの上には点滴チューブを配置して、乾燥しないよう適時かん水できるような準備をしておく。

ランナーをポットに挿すまでベンチ上に放任状態にしておくと、風の強いときにランナーが転がり、損傷を受けて病気になりやすく、生育も停滞気味になるので、子苗のポットへの固定は早めに行なう。

図1-19　親株床と防風ネット
周囲を防風ネットで覆い，縦方向に並べたプランター。プランターの上に配置した点滴チューブでかん水

強風による親株の茎葉の損傷などを少なくするには、育苗床の周囲に高さ2mくらいの防風ネットを張っておく（図1－19）。また、プランターや親株ポットは、強風による転倒を防ぐため、ハウスバンドなどを使ってベンチに固定しておく。

4 肥料の選び方と肥培管理

固形肥料を主体に施用

親株栽培では、植付けてからランナー発生までの期間が長いので、そのあいだの肥効を維持する施肥管理が欠かせない。しかし、この時期は低温期で生育が緩慢なこともあって、生育状況がみえにくく、肥培管理がおざなりになっている例が多い。

翌年のランナー発生を促すためには、親株の肥料切れを発生させないことが大切で、肥効を維持するための施肥管理が重要になる。そのためには、固形肥料を主体に施用する。

肥料の種類は、肥効が半年以上の長期にわたって持続する、肥効調節型肥料（被覆型肥料）が適している。肥効調節型肥料はおだやかに肥料成分が溶出するので、肥料焼けも少なく長期間肥効が維持できる。

ロング肥料の140日タイプは、こうした目的には使いやすい肥料である。施用量は窒素成分で1株当たり2g程度を株間に施用する。

水で溶けだしやすいIB化成のような粒状肥料は、多量のかん水や降雨によって短期間に大量の肥料が溶けだし、濃度障害による根傷みなどが発生しやすい。そのため、1株当たり窒素成分で2g程度を株間に施用する。この時期の肥効期間は、IB化成であれば1～2カ月とみて、肥効が切れるころに再び追肥する。

肥料切れを発生させない——3～4月以降はとくに注意

日長が長くなって気温も高くなる3月ころになると、親株の新葉の発生が旺盛になり、ランナーの発生も始まる。吸収する肥料も増えるので、この時期以降はとくに十分な肥効を維持することが大切である。

ランナーがではじめるころに肥料切れした親株が散見されるが、肥料が切れるとランナーの発生速度が鈍化するとともに、細いランナーが多くなる。ランナーの太さと子苗の大きさは比例するので、できるだけ太めのランナーが発生するよう、継続した肥効を維持することが重要になる。

肥料切れを防ぐには、3～4月、ランナーの発生が始まるころに、速効性の固形肥料を追肥する。なお、施肥したとき葉の上に固形肥料がのったままだと、その部分に肥料焼けが発生しやすいので、施肥後は葉上の肥料を落としたり、培養土へ肥料をなじませるために頭上散水を行なう。

追肥のタイミングは、親株の芯葉が淡い緑色になるころである。肥料が切れるとランナーの色が赤色化するので、そうなる前に施肥することが必要である。

追肥量は1株当たり窒素成分で2g程度として、根部の肥料焼けを避けるため、株元ではなく株間に施用する（図1－20）。なお、一度に多量の施用は絶対に避けなければならない。

イチゴは短縮茎で葉は地ぎわ部に集中するので、培養土の表面が葉で覆われていることが多く、固形肥料の施用は葉をよけながらになるので、それだけ手間がかかる。

簡単に一定量の肥料を細いチューブをとおして施用できる、粒状施肥器（商品名：ショットくん）もある（図1－21）。それを利用すれば、葉をよけることなく施肥できるので、施肥が省力化できるだけでなく、均一な施肥量も実現できる。

なお、培養土や、IB化成、被覆肥料のように形が残る固形肥料をみても、肥料の残効があるかどうかがわかりにくく、追肥のタイミングがつかみにくいことが多い。培養土の肥料残量を簡単に推定するためには、土壌挿入式のEC

株間に4～5粒程度施用

株元への施用は避ける

図1-20　プランターに植付けた親株への施肥
イチゴの根は肥料焼けをおこしやすいので，株元への固形肥料の施用は避ける

計が有効に使える。

培養土中にセンサーを挿し込んで、ＥＣ値を直接測定できる器材を使えば、その指示値で残効量を推定できる。追肥時期や、施用する肥料を選定する指標になる。

図 1-21　ショットくんによる育苗ポットへの施肥
葉が込み合っていても確実にポット１個ずつに施用できる。施用時間も短くてすむ

5　親株の植付けとトレイの配置

ランナーは、果房と同様にクラウンの傾いた方向に伸びる。ランナーをそろった方向にだすためには、親株の植付けは株の傾きを意識して行なう。

ランナーをポットに固定する鉢受け法では、プランターの縦方向からみて左右に培養土を充填したポットを入れた枠付きのトレイを配置しておく。

親株を3株植付けたプランターに、ポットが24個はいる枠付きトレイを、左右に1個ずつ設置する。この場合は、親株1株当たり最大16株の子苗を確保することになる。

6　病害虫は予防を重視

親株床から防除を徹底する

基本的には、病気が発生したあとの防除より、発生する前からの予防を重視した防除に心がける。また、栽培全期間の病害虫防除のポイントは、親株床から防除を徹底することにある。

炭疽病は、以前は毎年のように各地で大発生し、生産上の大きな問題になっていた。しかし、育苗期にはいってからの薬剤散布が中心であった当初の防除法から、親株床からの早期防除を徹底するようになって、炭疽病の発生は確実に少なくなってきた。

萎黄病と炭疽病は対策がちがう

最近は、炭疽病に加えて、萎黄病の発生も散見されるようになっている。炭疽病と萎黄病は、発生初期の症状が似ていることが多いが、伝染経路がちがうし、どちらの病気かで農薬など対策は大きくちがう。そのため、判断できない症状の場合には、専門機関による確認が必要である。

炭疽病の判断には、親株の葉柄を使った簡易な診断法が開発されているので、それを活用してもよい。ただし、診断には一定の知識と技術が必要なので、実際に行なうには農業改良普及センターなどの指導機関に相談するとよい。

親株の新葉が動きだしたら予防散布を

健苗生産のためには、親株の芯葉が動きだすころから、定期的な予防散布を徹底する。また、これまでに発生した病害（履歴）を見極めておくことも重要である。とくに、萎黄病など土壌伝染性の病害は、なかなか防除が徹底できないことを念頭にいれておく。

前述したように、炭疽病は親株から切り離したあとの、育苗段階から防除を始めたのでは遅い。親株の新葉が動きだしたころから殺菌剤の予防散布を行なうことで、その後の育苗圃や本圃での発病を抑えることができる。

炭疽病が疑われたら隔離する

炭疽病の症状がでた株は回復することはなく、胞子の拡散によって周囲の株の感染原になる。そのため、葉やランナーに炭疽病への感染が疑われるような症状がみえたら、炭疽病と確認する前に、プランターやポットを育苗圃場と離れた場所へ移動して隔離する。

ベンチの下へ移動すると、そこから散水や降雨時に飛沫が広がり、感染が拡大するおそれがあるので、ベンチ下や近い場所への隔離は絶対に避ける。

炭疽病に罹病した苗はすみやかに抜き取り、肥料袋などにいれて、水を加えて密封し、圃場外へ持ちだす。

第2章 採苗と育苗管理

1 育苗計画の立て方と苗の目標

目標にする苗とは

健全な定植苗を養成するためには、育苗床だけではなく、親株床から継続して病害虫への感染のリスクが低い状態を維持する管理が基本になる。

まず、経営的な判断にもとづいて、収穫時期から花芽分化時期、定植時期を設定し、そこから施肥などの管理手順を逆算で組み立て、定植時にクラウン径が8～10mm程度の苗を養成することを目標にする。

イチゴのクラウンは貯蔵器官的な働きをするので、クラウン径の大きい苗は、定植後の環境が多少悪くても、株自体の適応力が高いので安心して利用できる。

育苗期間は2～3カ月程度であるが、その期間の管理のトラブルが苗の仕上がりに直結するので、切れ目のない育苗管理が必要である。

クラウン径の小さい苗は、早期収量の低下につながるだけでなく、総収量にも悪い影響を与える。

作型と育苗日数、作業計画（管理手順）

作型にかかわりなく、育苗日数は75日以上かけることを基本にする。したがって、採苗した子苗の植付け時期は、定植時期から逆算して決めることになる（図2－1）。

低温暗黒処理では、花芽分化促進処理期間中は暗黒条件になるので、光合成ができない。そのため、処理期間中の苗の消耗が大きく、定植後の活着不良や、それにともなう生育低下がおこりやすく、芽なし株も発生しやすい。これを防ぐには、低温暗黒処理開始時には、定植時と同じ程度のクラウン径の大きな苗を養成する必要があり、それだけ育苗開始時期を早くしなければならない。

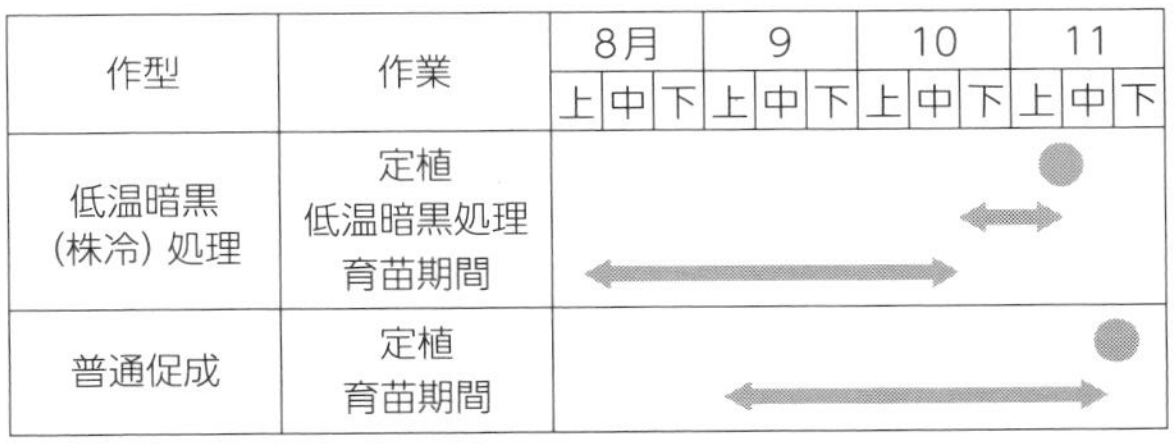

図 2-1　定植時期（作型）と育苗開始，花芽分化促進時期
作型にかかわりなく育苗日数は 75 日以上かける

促成栽培では、収穫時期や下葉摘除、収穫後の果柄摘除が集中するのを避けるため、いくつかの作型を組み合わせることが一般的で、定植時期に2～3週間程度の幅がある。育苗開始時期もそれに合わせることで、採苗・定植労力の

集中を避けて、労力のピークの分散をはかることができる。

芽なし株を防ぐ

クラウン径が十分な大きさに仕上がらなかった苗を低温暗黒処理した場合や、クラウン径の小さな苗を定植した場合には、第1次腋芽（2番果房のついている芽）がでてこない、いわゆる芽なし株の発生が多くなる（図2−3）（芽なし株については第4章5項で詳しく解説）。

芽なし株は、葉腋に発生する腋芽が発育を停止しており、時間をおいても上位の葉腋から腋芽が発生することはない。そのままで2カ月ほど経過すると、クラウンの下位部からドロ芽（ドロ芽については第1章1項、第4章4項も参照）（図2−4）がで始める。ドロ芽をそのまま生育させて、生産株として利用することもできるが、発生時期が遅く芽も弱いので、収量的にはあまり期待できない。

また芽なし株についている頂果房には、腋芽の新葉が出現しないため、葉数が増えず、光合成に必要な葉面積が確保できない。そのため、外観ではわからないが、頂果房の果実は糖度が低くなり、商品性が著しく低下する。

芽なし株であると確認されたら、回復のための効果的な対策はない。したがって、定植苗が前述したような懸念がある場合は、定植時に植穴の底部へ根つけ肥を施用して、定植後の活着やその後のスムーズな生育を促す。こうして、株の体力を回復させることで、芽なし株の発生を抑えることができる。

苗の徒長を防ぐポイント

徒長の少ないしっかりした苗に仕上げるためには、株間を広くとり、できるだけ下葉まで直射光線が当たるようにすることや、かん水時間帯を考えることが重要である。

出葉している葉が徒長して、その陰になるような位置に芯葉があると、その葉は徒長しやすくなる。葉数を適正に維持するとともに、ポット間の距離を保つことで徒長を抑える。

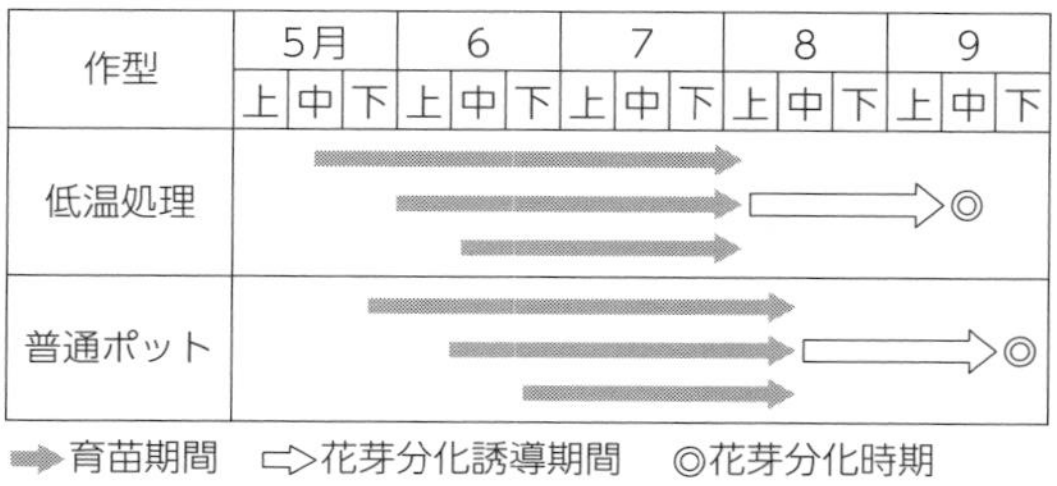

図 2-2　作型ごとに花芽分化誘導期が決まっているので，それに合わせて育苗を開始する（'あまおう'の例）
育苗期間がちがっても花芽分化時期は同じなので，育苗開始時期によって施肥時期などをかえなければ，花芽分化を安定して行なうことはできない

図 2-3　芽なし株（上）としばらくあとに株元（クラウン下部）から発生した腋芽（ドロ芽）（下，⇦）

図 2-4　クラウンから伸びたドロ芽と腋芽，花房

育苗時期は、ほぼ5～6日に1枚の割合で出葉するので、摘葉しなければ1カ月で4～6枚の葉が出現する。この状態をそのままにすると、新しく出現した葉は、葉柄が伸びて徒長した苗になりやすい。

それを防いでしっかりした苗を養成するには、芯葉の部分が葉影にならないよう、定植2週間前までは、完全展開葉（小葉が十分展開）を3枚で維持するように下位葉を適時摘葉する。なお、摘葉については、本章10項「その他の育苗管理」の摘葉を参照。

枠付きトレイを使う場合は、最初はすべてのポット枠に子苗を挿しておき、育苗中期以降は徒長を防ぐため、一つおきにポットを抜いて、トレイ内の子苗が千鳥状態になるようにして、ポット間隔を広げる。

また後述するように、夜間の土壌水分が多いと徒長しやすくなるので、余分な土壌水分をできるだけ少なくするかん水管理が欠かせない。そのためには、晴天日でも蒸散がほとんどなくなる日没2時間前より、さらに1時間程度さかのぼった時間までにかん水をすませておく。

クラウン径の測定方法

クラウン径の大きさを正確に測定するには、ノギスなどの計測器具を使うが、それなりに手間がかかる。簡単に把握するには、以前は入手しやすいタバコの太さ（直径8mm程度）と比較し、その大きさ以上であれば基準をクリアーしていると判断することが多かった。しかし、最近は喫煙する人が少なくなっているので、かわりにボールペンや指の太さなどで大きさを把握するとよい。

クラウン径をノギスで測定する場合、測定位置やノギスの当て方によって測定値が大きくちがってくる。測定値を比較するためには、同じ基準で測定位置と方法を一定にしておくことが必要である。

測定位置は、摘葉後の最下位葉の直下付近に、クラウンの傾き方向に合わせて平行にノギスをクラウン部に当てて数値を読み取るようにする（図2－5）。

図 2-5　ノギスによるクラウン径の測定方法
クラウンの傾きに合わせて挟むようにして測定する

2 育苗用培養土の準備

排水性を優先し、肥料切れしやすい培養土を選ぶ

第1章の親株の項でも述べたが、寒い時期に適する培養土と、暑い時期に適する培養土の組成は大きくちがう。

育苗は、花芽分化をスムーズにすすめることが、重要な管理のポイントになる。そのためには、高温期に遭遇する育苗期でも根腐れが発生しにくい、排水性の高い培養土を選定する。また、育苗期間中の花芽分化をスムーズにすすめるためには、肥料切れしやすい培養土を選ぶ。ポットの大きさによっても適した培養土はちがい、小さなポットほど排水性を重視した培養土を選ぶ。

イチゴの根は酸素要求量が多いうえ、育苗期は地温が高温になるほど根の呼吸量が大きくなるとともに、土壌水分中の飽和酸素濃度も低下する。このため、根部が数日間滞水しただけで根腐れを引き起こし、根の活性が大きく低下し、生育が停滞するとともに苗の体力が大きく消耗する。

また、経営指針にもとづく安定した生産を実現するためには、作型を組み合わせる必要がある。そのためには、作型ごとの計画的な花芽分化を実現する必要があり、予定した時期に予定どおり、イチゴの体内窒素含量を十分低下させることが不可欠である。

つまり、施用した窒素肥料が培養土中にとどまりにくく流れやすい、保肥力の小さい素材（真砂土や鹿沼土など）を主体とした培養土を選択しなければならない。こうした培養土は肥料不足になりやすいので、その分は追肥でカバーする。

培養土の排水性のよさも重要で、育苗ポットにたっぷりかん水したのち、培養土の上面の水が数秒以内に土中に吸い込まれ、ポットの上面に水たまりができないものが適している。数分経過しても、表面に水がたまっているような培養土は適さない。ただ、適さないといって、育苗途中で交換することはむずかしいので、次年度は組成を再検討する必要がある。

ポット上面に水がたまった場合の対策は、ポットを取り上げて、ポットの外側から培養土をもみほぐして排水性を確保する（図２－６）。

図 2-6　ポットの排水不良対策
かん水時に，ポットの地表面に水がたまった状態（上）がつづくと根腐れの原因になる。ポットを取りだし外側から押さえ（中），ポットと培養土のあいだにすき間をつくる（下）と水の通り道ができて排水不良が改善する

培養土量は育苗日数に比例

ポット育苗では、根巻きの発生を防ぐため、育苗日数が長くなるほど大きめのポットを使うことになるが、それだけ多くの培養土が必要になる。

多くのポットに培養土を充填するには、便利な器具（スピードポッター）があるので、これを使えば充填がすばやくできる。あらかじめ枠付きトレイに空のポットを並べ、ポット位置に穴のあいたプレート（板）をのせ、上から培養

①ポットをセットする
②穴のあいたプレートをのせる
③培養土をのせる
④培養土をならしながらポットに詰める

図 2-7　ポットへの培土充填作業の省力化
スピードポッターの利用で，20a 分の培土充填作業が２日間で終わる。135 個 /1 回，18,000 ポット / 135 ≒ 135 回。ポットの形，サイズでいくつかの型式がある

土をいれて余分な土を取り除くと、多くのポットに一度に培養土を充填できる（図2－7）。充填する培養土の量は、ポット縁くらいの高さを目安にする。

3 育苗用容器の準備

育苗用容器は無病のものを使う

使用したプランターやポットを再利用するときは、必ず洗浄し、塩素系の殺菌剤で浸漬殺菌する。

しかし、前作で炭疽病や萎黄病が発生していた場合は、殺菌効果が低下している場合があるので、コストがかかってもプランターやポットは新品に更新する。

ポリポット（プラスチック製ポット）と枠付きトレイ

ポリポットは安価で、耐用年数も数年以上あり、つぶれた状態にすれば保管場所もとらないので使いやすい。

ポットの大きさは、育苗日数によってかえる。小さなポットで育苗日数が長くなると、根巻きの程度がひどくなり、定植後の活着や生育に悪影響をおよぼす。

育苗日数が75日程度であれば、7・5cmか9cmポットを使用する。低温暗黒処理するときなど、大きな苗を養成するためには育苗日数を90日以上かけるが、その場合には、ひとまわり大きめのポットを使う。

育苗床でそれぞれのポットが独立した状態で置かれていると、育苗床が平らになっていても、かん水時や強風で倒れやすく元にもどす手間がかかるので、枠付きトレイを利用するとよい。

枠付きトレイを使うと、ポットを置く場所が簡単に固定できる。徒長防止のためにポット間隔をあけるときにも、枠付きトレイを動かすことなく、ポットを抜きとって移動するだけでよいので便利である。

小型ポット育苗システム（通称「愛ポット」＋育苗用パネル）

「愛ポット」は硬質塩ビ製の縦長ポットで、内径は4cmとポリポットにくべてきわめて小さい。長さは15cm（愛ポット）と10cm（スーパー愛ポット）があり、内容量はそれぞれ115cc、100ccである。培養土量が少ないので、ポリポットより軽くて取り扱いがらくにできる（図2－8）。

ポットの口径が小さく、直立状態の維持やかん水しにくいことと、ポットへ直射光線が当たることによる地温上昇が懸念されるが、それをカバーするための集水機能と遮光機能を備えた、専用のパネルも開発されている。

培養土量が少ないので、日射比例かん水制御装置（第3章1項「蒸散量の変化に対応できるかん水システムを選ぶ」参照）などを利用したきめ細かなかん水が必要で、より通気性を重視した培養土を選定しなければならない。

小型ポットで育てた苗

育苗用パネルに挿した小型ポットに子苗を受ける

ランナーを切り離し，小型ポットを挿したパネルをならべて育苗

図 2-8　小型ポット育苗（棚式育苗）システム

スリットポット

ポットの側面に縦方向に切れ目（スリット）が複数箇所はいった、硬質塩ビ製のポットである。

普通のポットを抜いたあとの、培養土表面に多くの根がみえる状態を根巻きというが、この状態でみえる根は比較的太く、養水分を吸収する細根は少ない。そのため、根巻きすると、活着やその後の生育がスムーズにすすまない。

スリットポットでは、イチゴの根がスリット部に伸長してくると、外部の空気にふれる。空気にふれた根は、先端部の伸長が止まりそれ以上伸びない。そして、その手前から細根が多く発生する。ポットから根鉢を抜くと、根巻きしていないので、根鉢の表面は根量が少なくみえるが、内部には多くの細根が発生している。このように、スリットポットは根巻き防止効果が期待できる。

なお、スリットポットは側面にスリット穴があいているので、かん水した水がそこから外部にもれるだけでなく、空気もはいり込むので、培養土が乾燥しやすくなる。そのため、ポリポットより1回のかん水量を減らして、かん水回数を増やす必要がある。

硬質製のポットなので、重ねて収容するときに手間がかかるとともに、かさばるため保管場所のスペースも多く必要になる。

紙ポット

紙製のポットで、使用中にポット素材である紙の生分解がすすみ、育苗が終わるころにはボロボロになって原形をとどめていない。当然、翌年の再利用はできず使い捨てになるので、使ったあとのポットに由来する病害は回避できる（図2－9）。

紙ポットは、紙製の素材をとおして、ポット内の培養土からポット側面に浸みでた水が蒸発するときに気化熱を奪うため、ポット内の地温が下がり、結果的にクラウンの温度も下がりやすくなる。これを利用して、花芽分化をスムーズに行なわせることを目的にしたポットである。

また、ポット素材の紙を生分解する微生物が、培養土中の窒素成分を消費するため、培養土中の窒素量が少なくなる。このことも苗の窒素成分が低下することにつながり、花芽分化をスムーズにすすめる要因にもなる。

といっても、実際には大きな花芽分化促進効果は期待できない。ただ、花芽分化を少し早めにそろえる効果は期待できる。

反面、微生物による生分解がすすむとポットの形状がもろくなり、摘葉などの作業時には取り扱いにくくなる。紙ポットを使う場合は、枠付きトレイと合わせて利用すると使いやすい。

紙ポットは結果的に単年の使い切りになるので、病菌の次年度への持ち越しはなくなるが、ポリポットにくらべてコストが高く、ポットの保管や配置などの取り扱いにも手間がかかるので、利用場面は限定される。

〈欠点〉
- もろいので作業での取り扱いがしにくい
- コストが高くなる
- 保管などに手間がかかる

〈利点〉
- ポットに由来する病害を回避
- 花芽分化がスムーズに行なわれる（少し早めにそろう）
- ポット側面からの気化熱が地温を下げる
- ポットの生分解で培養土中の窒素が低下

図 2-9　紙ポットの利点と欠点
写真は花菜ポット（育苗用紙ポット，大石産業株式会社）：100％新聞古紙を原料としたポット。紙製なので育苗後はポットのまま定植でき，ポットは土にもどる

その他の育苗用容器

・セル成型苗

72穴や55穴のセルトレイを使った育苗は、培養土量が少なく、トレイ全体を取り扱うので軽くて省力的である（図2－10）。

実生苗の場合は、初期生育が緩慢で葉面積も小さいので、2カ月程度の育苗日数であれば、大きな問題がなく使うことができる。

すでに普及している実生繁殖性品種'よつぼし'では、406穴セルトレイに播種し、生育中盤に128穴や72穴セルトレイ、あるいは7・5cmのポリポットに植え替える育苗方法も行なわれている。また一部では、ポットへの植え替えはしないで、7月下旬ころから本圃に直接定植する方法も行なわれている（第1章2項参照）。

ただし、ランナー苗をセルトレイで使う場合は、株間が狭いため、地上部の生育が旺盛になりやすく、それだけ徒長した苗になりやすいので、使いづらい。

図 2-10　セル苗（'よつぼし' 72 穴セル）

・導水溝付き育苗トレイ

かん水が頭上散水方式では、水滴が葉上にはね返ることによって、感染した苗からまわりの苗への炭疽病の伝染が懸念される。また、底面給水方式では、どうしてもポット上部の水分量が少なくなりがちで、肥料焼けしやすかったり、余剰液の排水が不十分な場合には根腐れが発生しやすくなる。

葉上の水滴飛散をなくすために、頭上散水方式でなく、ポット上面からかん水ができるように、導水用の溝がつくられている育苗トレイが開発されている。

トレイの溝に点滴チューブを設置し、かん水した水をその溝をとおしてポット内の株元へ誘導する方式で、韓国製を含めて栽植密度などがちがう数種類のトレイがある（図2－11）。この方式であれば、株元への直接的なかん水になるので、水のはね返りによる炭疽病の伝染リスクは非常に少なくなる。

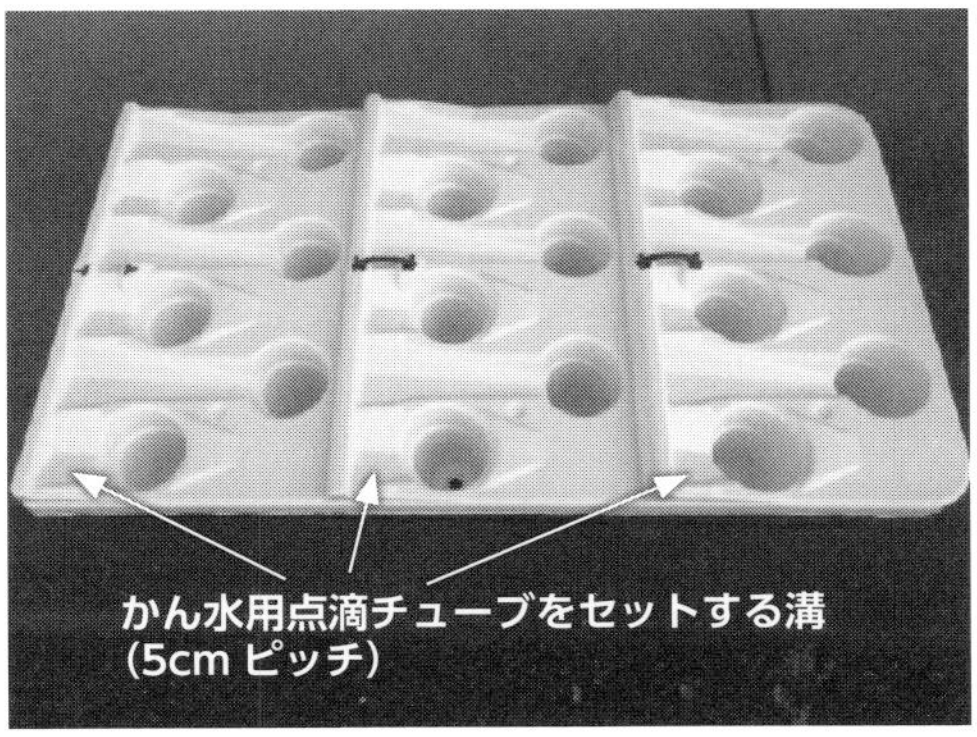

韓国製（カタツムリポット）

日本製（苗丸くん）

図 2-11　導水溝付きトレイの例

4 採苗の方法

鉢受け法か鉢上げ法か―主流は鉢受け法

親株からの採苗には、鉢受け法（苗〈ランナー〉受け）と鉢上げ法（挿し芽）がある。

鉢受け法は、親株からランナーでつながっている子苗の根元を、専用のプラスチック製ピンなどを使って、ポットの培養土に固定する方法で、苗受け法ともいう。子苗には親株から持続的に水分が供給されるので、根がなくても萎《しお》れることがなく、土壌水分が十分あれば発根や活着はスムーズにすすむ。

ただ、ランナーは一斉に発生するのではなく、断続的に発生するため、それぞれのランナーの伸びぐあいに合わせた作業になるので、全体の採苗作業が終わるまで日数がかかる。

ランナーが発生し始めたあと、ポットに子苗を固定するまでは、定期的にランナーが込み合わないように整理する。

発生したランナーを整理する手間を惜しんで、ランナーが多数発生してから一斉にポットに固定することは、絶対に避ける。ランナーを整理しないで放置すれば、ランナーが込み合って過繁茂状態になり、子苗が徒長しやすくなる。しかも、込み合ったランナーは絡んだ状態になるので、整理するための手間がかかるだけでなく、整理する作業でランナーが擦れてキズが発生し、そこから病気を誘発することにもなる。

鉢上げ法は、子苗の採苗予定数を確保できたころをみはからって、一斉にランナーを切り取り、子苗を切り離してポットに植える（挿し芽する）方法で、挿し芽法ともいう。

作業は短期間ですむが、子苗が発根して、萎れなくなる程度まで自らの吸水能力をもつまでの管理を怠ると、子苗の活着やその後の発育が遅れ、予定した苗の確保がむずかしくなる。したがって、採苗時には、活着の早い大きめの子苗を多く確保できるような親株管理と、子苗をできるだけ萎れさせないような初期の管理が欠かせない。

最近は、子苗の活着や発育がスムーズにすすみ、苗が萎れることが少なく活着までの管理に手間のかからない、鉢受け法が主流になっている。

鉢受け法＝最初に発生する子苗（太郎苗）は避ける

親株からでたランナーの最初に発生する子苗（太郎苗、1次苗）は、早くでるので苗数が確保できるまでの期間がそれだけ長くなり、大きくなりやすく、その後でてくる子苗（次郎〈2次〉苗以降）との不ぞろいの原因になる。

苗数を確保するためには、比較的短期間で多く発生する次郎苗、三郎苗（3次苗）で調達し、太郎苗を使わないほうが、そろった子苗が得られる。

しかし、太郎苗が不要だとしてランナーを切り離すと、その先にでるはずの子苗（次郎苗以降）を得ることができなくなり、結果的に子苗数が少なくなる。それを防ぐため、太郎苗は切り離さず、葉柄部の根元付近を切除するだけにして（ポットにも挿さない）、その先のランナーを伸ばし、次郎苗以降の子苗を確保する。

葉柄部を切除するので、太郎苗は過繁茂になることもなく、次郎苗以降も徒長しなくなる。しかも、ランナーがつながった状態なので、次郎苗以降は親株から流れてくる養水分を十分利用でき、活着もスムーズにすすむ。

図 2-12　子苗の本葉1枚目が完全展開している状態
これ以降は親株側のランナーは伸びない

鉢受け法＝ランナーが十分伸びてからポットに挿す

ランナーピンなどで子苗の付け根付近のラン

ナーをポットに固定するときは、ランナーが十分に伸びきった状態で行なう。ランナーが伸びきっていない状態で苗を固定すると、固定したはずのランナーの先端がその後も伸びて、結果的に子苗がポットの外にでてしまい、再度固定しなければならなくなり二度手間になる。

ランナーは、先端部に近い部位ほど遅くまで伸びる性質があり、子苗の本葉が1枚完全展開した以降は、それより親株側のランナーが伸びることはないので、その時期をみはからって子苗をランナーピンで固定する（図2―12）。

鉢受け法＝子苗を固定したあとの管理と切り離しのタイミング

ポットに子苗を固定したあとは、培養土が乾燥しないようにかん水する。

子苗はすべてランナーでつながっているので、ランナーの切り離し作業は一斉に行なう。そのタイミングは、予定した苗が確保でき、最後に固定した子苗の根がポット底部に届いているのが確認できたころとする。

切り離したばかりの子苗は、切り離し後晴天日がつづくと、自らの根からの吸水量が蒸散量に追いつかず、日中萎れることがある。しかし、数日すれば十分な吸水量を確保できるので、それ以降は吸水不足による萎れはみられなくなる。それまでは、晴天日には遮熱資材などを使って蒸散量を抑えた管理をする。

鉢上げ法＝作業は一斉にできるが萎れない管理が必要

前述したように、鉢上げ法は、採苗予定数の子苗が確保できたら一斉にランナーを切り取り、子苗を切り離してポットに植える（挿し芽する）方法で、苗受け法にくらべて短期間に行なうことができる（図2―13）。

作業の段取りによっては、水をためた容器に子苗をいれて、冷蔵庫で一時保管することもあるが、その期間は1日程度が限界である。

なお、発生した子苗が接地しない状態がつづくと、子苗基部が暗褐色にコルク化して根こぶ状態になる。根こぶ状の部分からは新根は発生しにくいので、このような苗を子苗として使うことは避ける。

挿し芽から発根まで1～2週間程度かかる。そのあいだは子苗が萎れないよう、あらかじめ準備しておいた、天井に遮熱や遮光資材を展張した雨よけパイプハウスにいれ、晴天日には1時間おき程度に1日に何回も散水して葉が乾かないようにする（図2―14）。

ただし、萎れさせないことを重視して強い日陰条件におくと、光合成量が少ないため活着が

湿った稲ワラのなかで白根がでている子苗（ワラを使った発根促進の例）：白根がでているので活着しやすい

冷蔵庫からだした子苗：切り離した子苗は冷蔵庫で１日保管して，発根・活着をスムーズにすすめる

遮光資材で被覆した育苗床（この場合は愛ポット）：ここに挿し芽し，挿し芽後は１時間間隔程度で頭上散水を行ない，活着を促す

図 2-13　鉢上げ法による挿し芽

図 2-14　育苗床への遮熱資材の被覆

遅れてしまう。できるだけ光合成を促して活着を促進するためには、日射の強い日や時間帯だけ、遮光率の低い遮熱資材を展張するようにする。

親株床やランナー発生時期に、炭疽病の兆候がある場合は、活着までの頭上からの散水管理によって、潜在的な被害が拡大する心配がある。そんなときは、鉢上げ法による採苗は避ける。

鉢上げ法＝発根促進用資材（つるート）を利用した発根促進処理

子苗は、根元（基部）が常に湿っている状態であればスムーズに発根し、白い根が伸びる。しかし空中に浮いた状態では、発根してもその部分が乾燥するため、すぐ根の伸長が停止し、コルク化する。

子苗が空中に浮いていても、根元に水分を長時間保持できるように開発したのが、不織布製の資材「つるート」である。この資材を使うと、根元が常に湿った状態を維持でき、発根した根はつるートのなかに伸びる。

子苗がランナーにつながっている状態でつるートを取り付けるが、この段階ではつるートを湿らせる必要はなく、むしろ乾燥状態にして発根を抑制させておく。

ランナー切り離し予定の10日前くらいから、つるートが乾かないように散水をつづけると、湿ったつるートの内部に根が伸びる。つるートには保水性があるので、根が乾燥してコルク化することはない。

つるートは長さ4cm程度なので、白根がその先端まで数cm伸びた状態で子苗を切り離し、水に浸けておく。育苗圃へ持ち込んだ苗を、ピンセットなどでつるートをつかんで、そのままポットに挿し込むことで植付けができるので、一連の作業が早くすむだけでなく、活着もスムーズにすむ。発根・活着までの日数がほとんどかからないので、活着までの期間が長くかかる、挿し芽法の問題点が解決できる。

なお、散水を中断するとそれまで伸びていた根が乾燥するため、褐変、コルク化し、新根の再発生までに時間がかかるので、散水を始めたら子苗の切り離しまでは中断しない。

つるートの取り付け方などは第1章2項「生産株から11～12月に発生したランナーを利用する場合」参照。

鉢上げ法＝切りワラを使った発根促進処理

雑草の発生を防ぐため、秋に親株床をつくったあとは、早めに親株床全体に黒色マルチフィルムでマルチングしておく。そして、親株からランナーがで始める前に、5～10cm程度に裁断したワラを、親株床の採苗する部分に厚さ5cmくらいに敷く（図2－13参照）。その後、そこに伸びてくるランナーを等間隔になるように整理しながら誘導する。

子苗切り離し予定日の7～10日前から、切りワラが湿った状態を維持するように全体に散水し、子苗からのスムーズな発根を促す。子苗から発生した根は、湿度を保った切りワラのなかに伸びるので、根元が乾燥することなく白根の状態を保つことができる。

乾燥した天気がつづくと切りワラが乾燥しやすくなり、発根がスムーズにすすまないので、切りワラが乾燥しないように散水の頻度を多くする。

鉢上げ法＝ランナーの密封低温処理による発根促進

この方法は、前もって切り離した子苗の発根を促したあと、ポットに植付けるやり方である。

太郎（1次）から三郎（3次）までの子苗がついた状態のランナーを、親株の付け根付近で切断する。1本のランナーに複数の子苗がついた状態でビニル袋に密封し、冷暗所（設定温度10～15℃）に2～3日保存すると、子苗の発根が始まる。発根した子苗を切り離してポットに植付ける。

① 20 ～ 30 本を束ねて，基部を切りそろえて水をいれたビンに挿し，子苗を育苗ポットに挿す（5 月 8 日）

②子苗挿し 3 日後（快晴日の昼間，5 月 11 日）

③子苗挿し 11 日後（5 月 19 日）：活着して新根が伸びている

④子苗挿し 3 週間後（5 月 29 日）：ランナーを切り離す。根も十分に発達している

図 2-15　ランナー基部の水挿しによる採苗方法（愛媛県の赤松保孝氏考案）
生産株や親株（この場合は生産株）から発生したランナーを長めに切り離し，水をいれたビンやペットボトルなどに基部を挿すとともに，育苗ポットに子苗を挿す。ランナーが親株から切り離されているが，子苗はほとんど萎れることなく，活着がスムーズにすすむ

保存期間中の温度が高いと、炭疽病などへの感染が一気に広がるので、低温で管理できる施設を使うことが前提になる。当然のことであるが、炭疽病の懸念がある場合は、この方法は絶対に避ける。

ビニル袋内を高い湿度で保つことで、暗黒中でも発根は促進される。しかし、袋にいれた状態で散水すると袋の底に水がたまり、葉に水腐れが発生しやすくなるので、ためた水にランナーを浸し、余分な水は落としてから封入する。

また、保存期間が長くなると子苗が消耗し、植付けたあとの活着が遅れるので、長くても保存期間は2～3日間にとどめる。

鉢上げ法＝ランナー基部の水挿し採苗法

愛媛県のイチゴ篤農家赤松保孝さんが考案された方法である（図2－15）。

親株側のランナーを40㎝くらいつけて子苗を切り離し、20～30本をひとまとめにしてランナーの切り口をそろえ、1ℓ程度の容量のペットボトルやビンなどに挿し、そのまわりに配置したポットに子苗をランナーピンで固定する。

子苗を固定する範囲はランナーの長さによって制限されるので、ランナーはできるだけ長い状態で切り離す。ランナーが短いと子苗の挿せる範囲が狭くなり、ペットボトルやビンなどの

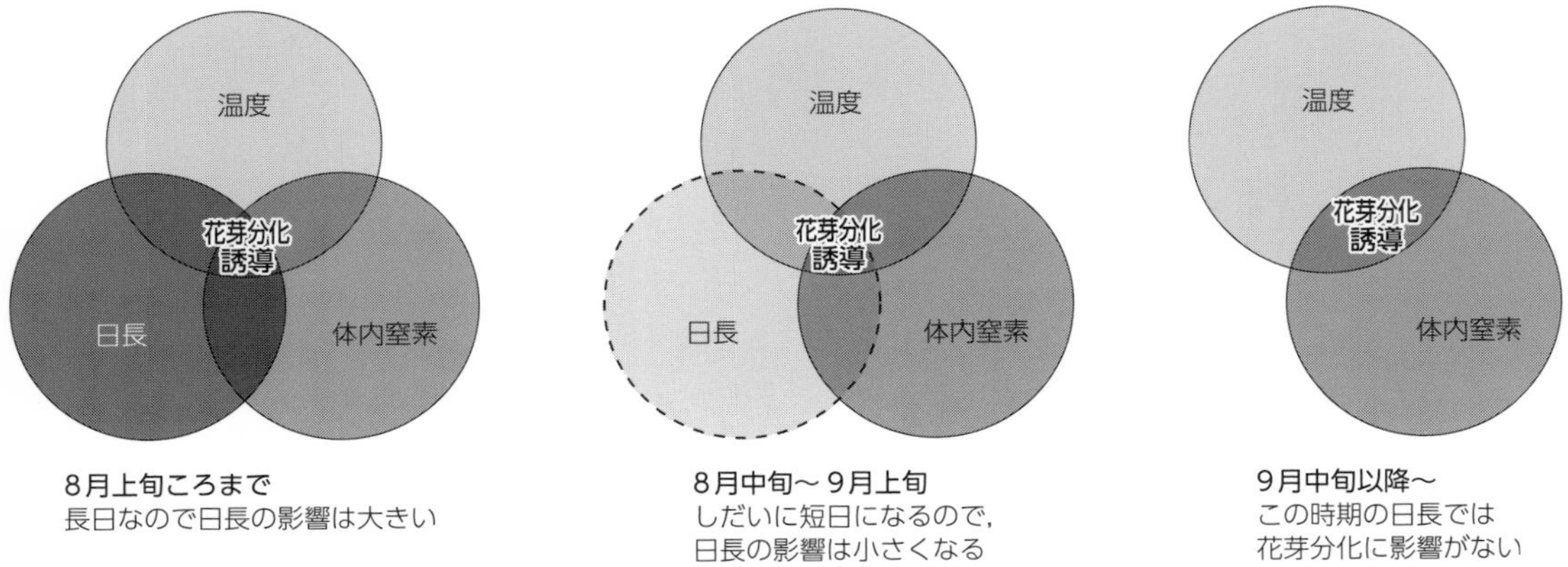

8月上旬ころまで
長日なので日長の影響は大きい

8月中旬～ 9月上旬
しだいに短日になるので，
日長の影響は小さくなる

9月中旬以降～
この時期の日長では
花芽分化に影響がない

図 2-16　一季なりイチゴの花芽分化への季節による日長の影響のちがい

水をためておく容器が多く必要になる。

ポットに挿した子苗には、ビンやペットボトルに挿したランナーから継続して水分が供給されるので、水分不足による萎れや生育の停滞がほとんどなく、発根・活着がスムーズにすすむ。

この方法は、大量の苗を短時間に植付けるには、たくさんのビンやペットボトルを準備する必要があるのと、大量の苗を採苗するには親株から長いランナーを切り離し、挿す前に水に浸けて萎れないようにするなど、準備に手間がかかるのが欠点である。

5　苗の肥培管理

目的の時期に花芽分化させる施肥管理が必要

・花芽分化の条件は日長、温度、栄養状態

イチゴの育苗では、病気などを本圃に持ち込まないための健苗養成はもちろんであるが、計画している時期に安定した花芽分化を誘導することが、生産を安定させるために非常に重要である。イチゴが花芽分化を誘導するためのおもな条件は、日長、温度、そしてイチゴ苗の栄養状態である。

日長の花芽分化への影響は、図2－16に示したように季節でかわる。しかし、イチゴの栽培管理は暦日で行なわれるのが一般的なので、毎年同じ時期に定植する場合は、日長についてはとくに気にする必要はない。

温度は、花芽分化誘導期間中に、有効な低温にできるだけ長く遭遇させることによって、花芽分化は早くなる。

温度が低い標高の高い場所での育苗（山あげ育苗）や、冷蔵庫などの低温処理施設へ苗を移動することによって、花芽分化の促進ができる（低温処理についてはのちほど詳しく解説する）。

・花芽分化時期20日前までに体内窒素濃度を下げる

イチゴ苗の栄養状態に大きく影響するのは、イチゴ体内の窒素濃度で、それに深くかかわるのが土壌中の窒素量である。土壌中の窒素量が多いと、イチゴの体内窒素濃度も高く維持され、高栄養状態になり結果的に花芽分化が遅れることになる（図2－17）。

生長点に花芽ができたかどうかを確認するために、一般的に行なわれるのは検鏡作業である。検鏡作業は、生長点を観察して、形態的に花芽分化の有無を判断するが、当然ながらそこにいたる前に誘導期間がある。花芽分化条件が整った誘導期間があることによって、スムーズな花芽分化が誘導される。

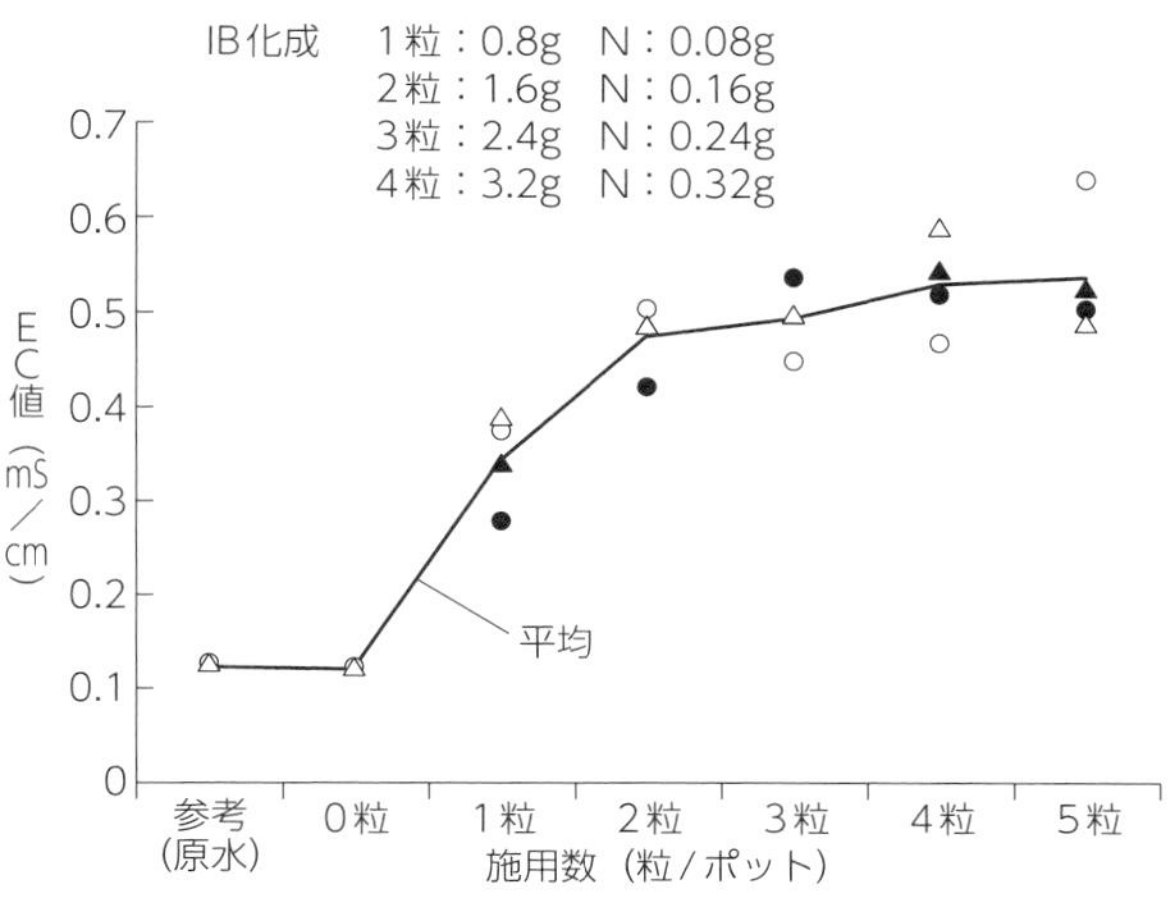

1～3粒ではEC値としてちがいがでるが，それ以上になると余剰分として流れてしまうので，ほぼ同じになる
花芽分化誘導ではEC0.2～0.3以下を目安とする。
IB化成中の窒素成分が残っているのか流れているのかわからないときは，EC値の測定で判断できる。EC値が高いときは肥料をすてる

図2-17　育苗ポット（9cm，内容量300cc）へのIB化成置き肥の施用粒数と浸出液のEC値
施用日：9月4日　施用後は通常のかん水管理
EC測定日：9月15日　コンパクトEC計で測定

予定した時期に安定した花芽分化を実現するためには、予定した花芽分化誘導開始時期までにクラウンの充実した苗を養成し、花芽分化誘導期間は窒素の吸収を抑えた状態で管理する必要がある。

誘導期間は最低でも20日程度と考えられるので、予定した（形態的な）花芽分化時期の20日以上前には、体内窒素濃度が十分低くなるように管理する。

・育苗開始時期と花芽分化時期は無関係

一般的には、ランナーで繁殖したイチゴ苗では、苗の育苗開始時期の早晩と花芽分化時期とは関係がない。育苗期間の長短にかかわらず、日長や温度条件、苗の栄養状態が満たされれば、誘導期間を経て形態的に花芽が分化する。

重要なことは、予定した花芽分化誘導期間前に、スムーズに苗の体内窒素含量を少なくするような施肥管理を行なうことである。具体的には、育苗開始時期が早い場合には肥効が長い肥料を、育苗開始時期が遅い場合には肥効の短い肥料を選択することになる。

ただし、体内窒素含量が少なすぎると苗自体の活性が低下して、花芽分化が遅れてしまう。苗の活性を維持するために、花芽分化誘導開始時期まで、肥効はそれなりの水準で維持することが重要である。

なお例外的に、〝よつぼし〟のような実生繁殖性品種では、ある程度葉数が分化したあとでないと、花芽分化条件がそろっていても花芽は誘導されない。

・培養土の質や量でも肥料切れが左右される

土壌中の窒素肥料が切れるまでの期間は、培養土の質や量によってちがうことにも注意が必要である。

ポットが小さくなればなるほど乾燥しやすくなり、それだけかん水量も多くなるので、同じ時期に同じ量を施肥しても肥料切れが早くなる。肥料持ちの長い培養土は、肥料切れしにくくなる。これらのことを考えて肥料の種類や施肥時期、施肥量を考えなければならない。

液肥より固形肥料が効果的

固形肥料と液肥では、実際の肥効（施用した肥料成分のイチゴへの吸収効率）は固形肥料のほうが高い。

根には、土壌中の肥料濃度の高い部分を感知して、その方向へ能動的に伸びていく性質があり、一定の速度で肥料分が持続的に溶けだす固形肥料だと肥効が安定する。

たとえば、ＩＢ化成などの加水分解性の固形肥料は、施用直後は急激に溶出するため高濃度になり、伸びた根が濃度障害をおこして褐変することがある。しかし、そのような場合でも、施肥位置より少し離れたところは適度な肥料濃

図 2-18　固形肥料の置き肥とイチゴの根の伸長 (8/28)
固形肥料を置いた付近には，培養土の表面や下部に根が集中して伸長する
○：IB 化成を置いた場所。ほとんど溶けている

度になっているので、その部分の根の発達が非常に旺盛になっていることはよく観察される（図2－18）。

それに対して液肥は、施肥直後は、根の周囲に滞留している肥料成分は水に溶けているので、スムーズに根に吸収される。しかし、その後常時液肥が供給されないと、根が肥料分を継続して吸収することができなくなる。このように、液肥を使った施肥は、固形肥料にくらべて肥料分を吸収できる時間が短くなるために肥効は低くなる。

微量要素も必要

イチゴの育苗では、おもに三要素（窒素、リン酸、カリ）を主体とした施肥管理になっていることが多い。しかも、肥料持ちしにくい培養土を使っているので、三要素以外の要素欠乏症が発生してもおかしくない状況におかれている。といっても、実際には典型的な欠乏症を現場ではみることは少ない。

ただし、充実した健全な苗を養成するためには、微量要素剤の施用も欠かせない。

6　かん水管理とかん水方式

かん水時間帯やかん水量

育苗期でも本圃と同じように、葉からの蒸散量は日射量と密接な比例関係がある。ただ苗床へのかん水量は、水を受けるポットの面積だけでなく、ポットとポットのすき間や通路へのかん水の分も必要になるので、蒸散量で計算されるかん水量よりかなり多くなる（表2－1）。

育苗での水管理のポイントは、昼間は生育に必要な土壌水分量を維持しつつ、夜間は余分な土壌水分量をできるだけ少なく維持して、徒長を防ぐことである。

苗の蒸散は、蒸散量が多い晴天日でも、日没2時間くらい前から、翌朝日の出1時間後くらいまではほとんど行なわれない（図2－19）。

したがって、夜間、余分な水分吸収を抑えて徒長の少ない健苗を養成するためには、蒸散量の多い晴天日でも、日没2時間前には余分な水が残らないように、日没3時間くらい前までをその日の最終かん水とする。

また、朝方は日の出1時間後くらいまでは蒸

表 2-1　ポット苗へのかん水量（9cm ポットでの事例）

○萎れが発生すると気孔が閉じて光合成ができなくなる
○萎れが発生し始める土壌水分状態でかん水しても，1株当たり80cc 以上の水量はポット内にとどまることができないので，それ以上はムダなかん水になる
○健全な苗の発育のために必要な1回のかん水量は1株当たり50cc 程度である
○イチゴ苗からの蒸散量は日射量に比例するので，ムダなかん水をできるだけ少なくするためには，日射量に応じたかん水制御が望ましい
○1日の最大蒸散量は1株当たりおおよそ200cc 程度なので，それを補うためには，快晴日で4回以上のかん水が必要になる
○育苗床のかん水に必要な水量は，株間や通路を含めた量を考慮すれば1株当たり1ℓ程度になる
○10a 当たりの苗（8,000株）のかん水に必要な水量は，蒸散量の大きな昼間の10時間で8 m^3（8,000ℓ）になるので，地下水などの用水確保のためにはこのことを考慮する

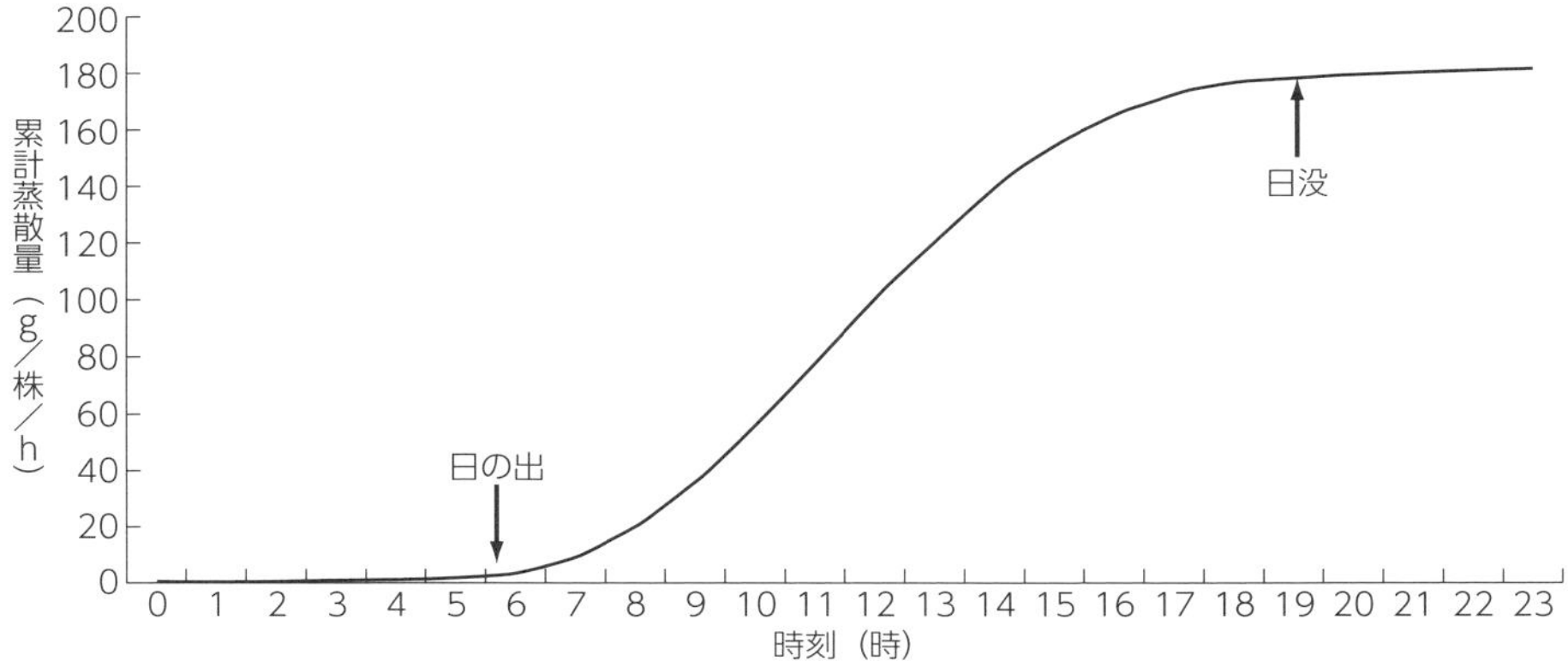

図 2-19　育苗中の累計蒸散量の推移（2019 年 8 月 7 ～ 13 日の平均　快晴日〈≒蒸散が激しい日〉）
8 月 10 日　日の出時刻 5：36，日没時刻 19：10
1 日の蒸散量は，蒸散量が最も多くなる快晴日で約 200cc/ 株程度である
蒸散量は日の出後 2 時間をすぎたころから急激に増加し，日没 2 時間前にはほぼなくなり，夜間はほとんど蒸散しない

散はほとんど行なわれないので、日の出1～2時間後を目安に、その日の1回目のかん水を行なう。その後は、日射量に応じたタイミングでかん水するのが適している。それができない場合は、培養土の乾きぐあいをみながらかん水するが、先に述べたように遅い時間のかん水は避ける。

　また、日射比例かん水ができない場合でも、こうしたかん水を安定して行なうには、余分な水がスムーズに排水できるような水はけのよい培養土や、ポット内に余分な水がたまりにくい育苗用容器を選ぶことによって、かん水量が多くても過剰な土壌水分状態になるのを防ぐ。

底面給水方式は炭疽病対策に有効

・ポット底面の滞水に注意

　底面給水方式は、ポットの底面から水を吸収させる方法で、苗の頭上から散水をしないため、炭疽病菌の拡散を防ぐことができるので、炭疽病対策に有効である。

　欠点は、排水が不十分で、ポット底面の滞水がつづくと、加湿による根腐れが発生しやすくなることである。それを防ぐには、30分程度ポットの底部分が浸かったのち、排水できるような工夫が欠かせない。

　たとえば、底面に不織布を敷いてその端を垂らすことによって、底面にたまった水分を毛管作用によって自動的に排水する方法などがある（図2－20）。

　また、ポット底面から水と一緒に吸い上げられた肥料が、培養土の上面に集積し、根部に肥料焼けをおこすことがある。この対策としては、ときどきポットの上面から散水するとよい。

・給水シート、遮根シート、培養土の注意点

　底面の給水シートは、毛管作用のための不織

水稲の育苗箱を使い，かん水チューブで散水した水は，ポット底面を濡らしながら自然に毛管水として棚下に落ちるので滞水しない

不織布を垂らすことによって，余分な水を毛管作用で棚下に落とす

遮根シートを不織布の上においで，ポットからでた根が不織布内に伸びることを予防する

図 2-20　炭疽病の発生を抑制する底面給水方式

布と、不織布への根の伸長を防ぐ遮根紙でつくられている。不織布は長期間使用すると給水能力が低下するので、2〜3作で新しいものに取り換える。

遮根シートの素材は、目詰まりしにくく、根がとおらない目合の素材を使うことが必要である。根がとおらない目合は作物によってちがい、イチゴではトマトなどより粗くても遮根効果が期待できる。遮根シートが目詰まりすると、ポットへの均等な給水ができにくくなるので、そうなる前に取り換える。

また、底面給水方式での培養土は、頭上散水より通気性を重視したものを選ぶ。

頭上散水方式では炭疽病対策を確実に

頭上散水方式は、育苗床の上にスプリンクラーや、散水型のかん水チューブを設置して行なうかん水である（図2−21）。かん水資材の設置が容易にできて、コストも比較的安価である。

図 2-21　育苗床へのスプリンクラー散水

このかん水方式では、横風が強いと、風上側にあるポットへのかん水量が不足し、乾燥による苗の萎れが発生しやすくなる。したがって、前もって横風などに対応できるよう、育苗圃場の周辺部に、スプリンクラーや散水チューブなどを重点的に配置する。また、育苗圃場を囲むような防風ネットを設置する。

炭疽病が発生すると、かん水時の水の跳ね返りで、罹病した株を中心に急速に感染が広がるので、感染初期を把握するための日常の観察が不可欠である。なお、炭疽病は親株床からの防除を徹底すれば、かなり抑えられる。

長雨にあうと薬剤散布の効果が落ちるので、パイプハウスの骨材を利用して、ビニルなどの雨よけ資材が張れるような準備もしておくとよい（図2−22）。

苗に炭疽病的な兆候がみえた場合は、病気を特定する前でも、みつけしだいまわりの株も含めて密封できる袋にポットごと入れて、育苗圃場から搬出して処分する。

ポット上面（培養土上面）かん水方式

このかん水方法は、本章3項「育苗用容器の準備」で紹介したように、ポット上面、すなわち培養土上面に導水溝をとおしてかん水する方法で、炭疽病対策には有効な手段である。

炭疽病の感染が広がりやすい頭上散水の欠点と、根腐れや肥料焼けしやすいという底面給水の欠点がなく、頭上散水と底面給水の利点を合わせたかん水方式である。

図 2-22　雨よけハウスでの育苗中の頭上散水によるかん水

7 病害虫の防除

化学農薬による予防散布の徹底

イチゴ栽培での失敗例の多くは病害虫による被害であり、肥培管理による失敗例は意外に少ない。本圃で12月ころまでに発生する病害虫の8割以上は、苗からの持ち込みによるものと考えてもよい。

定植までに、農薬などの化学農薬と物理的な防除方法などを組み合わせて、防除を徹底しておくことが大切である。とくに育苗では、摘葉作業でクラウン部に傷がつくと、その数時間後には傷口から病原菌が侵入するので、摘葉作業のあとは必ずその日のうちに傷口を消毒するような防除を行なう。梅雨時期は、5～7日間隔で、予防を重点にした防除を行なうようにする。

化学農薬を使用する場合は、農薬の登録基準を遵守する。登録されている農薬や使用方法は、年によって変更されることがあるので、イチゴで使用できる農薬を毎年欠かさず確認しておく。

最近では、ＲＡＣコード（ラックコード、囲み参照）がついた農薬が増えている。薬剤耐性や抵抗性のつきやすい農薬の重複使用をできるだけ避けて、散布効果の低下を防ぐために、ＲＡＣコードを大いに活用する。

薬剤散布は、気温の高い時間帯はできるだけ避け、夕方までに葉についた薬液が乾燥するように、天候に合わせて防除時間帯を決める。

気温の高い日の薬剤散布では、中断したあとに、薬剤散布用のホース内にたまった薬液が薬害をおこす場合もあるので、一度薬剤散布を始めたら薬液がなくなるまで継続する。また、散布が終わったら、ホース内の薬液がでてしまうように洗浄する習慣をつける。

蒸熱処理

蒸熱処理は、イチゴの苗を45～50℃で湿度100％の大気中に10分間置くことによって、植物体についている病害虫を防除する方法である。

この方法は、輸入果実類の防疫対策として使われていた手法を、イチゴの苗処理用として改良されたものである。詳しくは、第1章2項「親株の蒸熱処理による病害虫防除」参照。

温湯消毒法

温湯消毒法は、昔から水稲の種モミの病害虫防除法として行なわれている方法である。45～50℃くらいに保った温湯に苗をポットごと浸漬して、スリップスやハダニ類、うどんこ病などの病害虫を物理的に防除する方法である。

この方法はイチゴ苗でも高い効果がある。しかし、実際には、多数のイチゴ苗をポットの培養土ごと処理するので、ポットの土も同時に浸漬することになり、そのため水温が急激に低下し、水温の維持がむずかしい。

この方法を利用するには、水温の変化が少ない大きな水槽とともに、ヒーターも大きな容量のものを準備する必要があり、実際には普及していない。

高濃度炭酸ガス燻蒸処理

この方法は、ハダニ類の防除法として利用されている。苗を炭酸ガスが透過しないフィルムで覆い、そのなかに濃度計をみながら炭酸ガス

RACコード

RAC《ラック》コードとは、農薬の作用機構を分類したコードで、農薬製造会社の国際団体クロプライフ・インターナショナル（Crop Life International、CLI）が定めたものである。殺虫剤は「IRAC《アイラック》」、殺菌剤は「FRAC《エフラック》」、除草剤は「HRAC《エイチラック》」で分類されている。同じRACコードの農薬の連用を避けることで、薬剤耐性や抵抗性の発生を防げる。

を注入し、一定濃度に達したあとほぼ一昼夜（24時間）処理する方法である。処理中は、温度を25℃以上に保っていないと効果が不安定になる。

ハダニの殺虫処理効果は高いが、60～70％程度の炭酸ガス濃度で処理するため、燻蒸後の高濃度の炭酸ガスを、人間が誤って吸い込むことがないよう厳重な注意が必要である。

装置が高価なこともあり、ほとんど普及していないが、業者が装置を持ち込んで倉庫などで処理しているケースもある。

8 花芽分化促進処理の目的と失敗しない注意点

花芽分化促進処理は安定生産に必須

安定した生産のためには、計画したとおりの時期に花芽分化を誘導することが前提になる。定植後の10～11月の温度も収穫時期の早晩に影響するが、毎年、決まった時期に花芽分化させ、花芽分化確認後すみやかに定植することが、年次変動の少ない安定した生産を実現するには欠かせない。

しかし実際には、花芽分化時期は年次変動が大きく、収穫開始時期や年内収量の多寡に大き

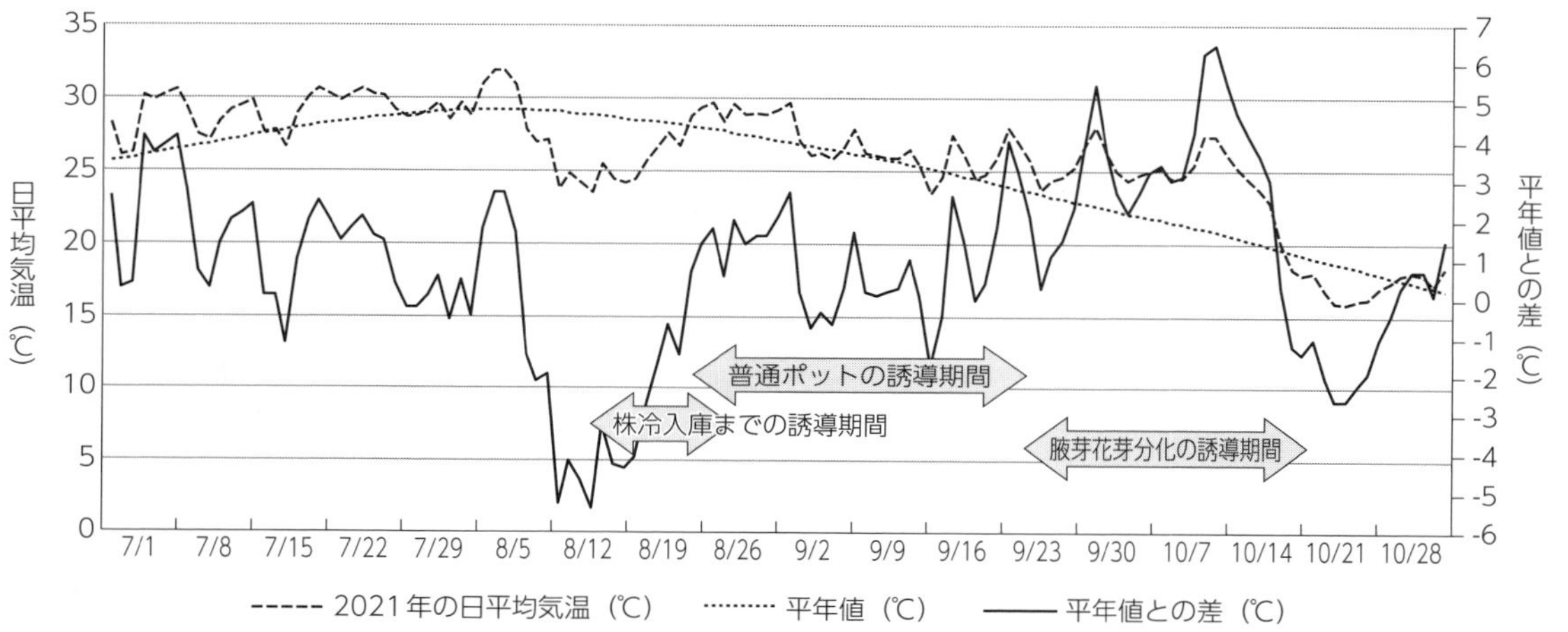

‘あまおう’の場合

○低温暗黒（株冷）処理による花芽分化促進作型

花芽分化誘導期間に相当する８月第３半旬から第５半旬までの気温が低く推移したので，この処理による花芽分化はスムーズにすすむと推測された

○普通ポットによる促成栽培

花芽分化誘導期間に相当する８月第５半旬から９月第５半旬までの気温が高く推移したので，花芽分化は少し遅れ気味になると推測された

○腋果房の花芽分化時期

花芽分化誘導期間に相当する９月第５半旬から10月第４半旬までの気温がかなり高く推移したので，腋果房の花芽分化時期は遅れ気味になることが推測され，頂果房と腋果房の中休みが懸念される

図 2-23　日平均気温による頂果房と腋果房の花芽分化時期の予測方法
イチゴの花芽分化に影響するおもな要因は，日長，温度，株の栄養条件である
その年の花芽分化時期を平年とくらべて予測するには，日長は毎年決まっているので無視できる。栄養条件は影響するが，気温だけである程度推測できる
具体的な例として，2021 年の日平均気温の推移から作型ごとの頂果房と腋果房の花芽分化時期を推測してみた

く影響している。とくに年内収量は、需要の多いクリスマス時期と重なることもあり、価格の変動が大きい。この時期の収量の多寡は、販売額に大きく影響し、経営面でも不安定な要因になっている。

安定生産・安定経営のために重要なことは、花芽分化を早めることより、花芽分化を毎年予定した時期に誘導することによって、花芽分化の早晩による収量の年次変動をできるだけ小さくすることである。

さらに、定植後の第1次腋果房の花芽分化時期の確認も必須で、マルチ時期や追肥時期の決定だけでなく、収穫量の時期別予測にも欠かせない作業である。腋果房の花芽分化時期を確認するためには、検鏡用の苗を本圃の株間に10株程度植えておき、通常の苗と同じような生育状態にしておく。

処理時の温度管理について

イチゴの花芽分化にかかわる温度の作用にはつぎの3つがある。

①花芽分化を促進する温度：10～25℃

②花芽分化に効果のない温度：5～10℃、25～30℃

③花芽分化を妨害する温度：5℃以下、30℃以上

したがって、イチゴの花芽分化を促進する場合は、いかに花芽分化を促進する温度領域の遭遇時間を長くし、かつ花芽分化を妨害する温度領域の遭遇時間を短くするかである。

花芽分化誘導に有効な温度は10～25℃の範囲であるが、この温度内でも温度によって効果に差があり、花芽分化するまでの日数に差があらわれる。温度が低くなるほど効果が高くなるが、15℃以下では温度の高低による効果の大小はみられなくなるので、最も効果的な温度は15～20℃である。したがって、花芽分化処理中の温度管理は、この温度を目安に行なうことになる。

また、日中は、花芽分化を妨害する、30℃以上の温度にできるだけ遭遇させないように、遮熱資材で覆うことによって花芽分化は安定する。

花芽は花芽分化誘導期間を経て分化する

・花芽分化誘導期間は最低20日間

施肥管理の項でもふれたように、定植の目安としている、形態的な花芽分化時期の前には花芽分化誘導期間があり、その期間は最低でも20日間程度と考えられる。

花芽分化誘導期間とは、花芽分化に必要な日長、温度、栄養条件に遭遇してから、生長点に形態的に花芽分化が確認できるまでの期間のことである。花芽分化誘導期間に突入し、早ければ20日後くらいに、生長点に花芽がみえる花芽分化時期をむかえる。計画した時期に、安定した花芽分化を誘導するためには、この花芽分化誘導期間のことを常に考えておく必要がある。

・花芽分化誘導期間が短くなる？

たとえば、低温処理などで、花芽分化のために必要な処理日数は、定植日が遅くなるほど短くなることはよく経験する現象である。これは花芽分化促進処理の前に、すでに自然状態で花芽分化誘導期間に突入しているため、その分必要な処理日数が短くなるためである。

また年によっては、人工的に低温処理した苗より、自然条件での苗の花芽分化が早くなることもみられる。これは、低温処理期間中に、処理しない苗が自然条件で花芽分化しやすい低温に遭遇したため、温度がかわらない低温処理苗より花芽分化が促進されたためである。

体内窒素含量の測定方法

肥培管理の項でも述べたように、スムーズに花芽分化を誘導するためには、苗の体内窒素含量も重要な要素である。花芽分化誘導期間にはいる前までには、クラウン部の体内窒素含量を、花芽分化に支障しないレベルまで、十分に低下させておく必要がある。クラウン部の窒素含量は土壌中の窒素濃度が強く反映しているの

で、最終追肥時期を厳密に守って、花芽分化誘導期間までに窒素の肥効を十分に低下させなければならない。

クラウン部の体内窒素含量を精密に測定するには、それなりの準備と測定のための分析機器や技術が必要であり、結果がでるまでに時間もかかる。現場では迅速な判断が求められるとともに、株間のバラツキを考えれば分析する件数も多くなるので、以下のような方法が行なわれている。

・葉柄の硝酸態窒素濃度から推定

体内窒素含量と葉柄の硝酸態窒素濃度がほぼ比例することを利用して、葉柄を搾った汁液の硝酸態窒素濃度を測定して推定することが多い（図2－24）。

小葉を取り除いた数本の葉柄をペンチなどで搾り、その汁液の硝酸態窒素濃度を測定する。測定機器は、硝酸イオンメーターや、小型反射式光度計（RQフレックス）などがよく使われている。ただ、この方法はあくまで現場で簡易にできることを前提とした分析方法であり、体内窒素含量を予測するための精度は意外に高くないということを十分認識して、測定した数値はあくまで参考程度にとどめておく。

葉柄中の硝酸態窒素濃度は、葉位や葉柄の位置による変動が大きい。日変化も大きく、とくに晴天日では朝に高い数値を示した苗でも、夕方には数値がかなり低下する。また、普通ポットか愛ポットなどの小型ポットかなど、ポットの大きさによっても大きく変動し、小型ポットでの数値は低く推移する傾向がある。

この測定方法で安定した測定値を得るためには、新生第3葉（完全展開した葉のなかで最も内側の葉）の葉柄全体の汁液を、あらかじめ決めた採取時間帯（たとえば早朝など）に測定すると、比較的安定した数値が得られ、数値の比較も可能である。

花芽分化誘導期間は、葉柄の硝酸態窒素濃度が、100～150ppm程度まで低下するように管理する。注意しなくてはならないのは、50ppm以下まで低下するとイチゴの活性が低下し、花芽分化はむしろ遅くなるので、極端な低下は避ける。

体内窒素含量には、最終追肥の時期が大きく影響する。最終追肥時期と量の判断は、目標とする花芽分化時期の30日前に判断し、窒素肥料が切れているようであれば薄い液肥を葉面散布する。

固形肥料を追肥として施用している場合、花芽分化誘導期間になっても固形肥料のなかにまだ溶けださない窒素成分が多く残っているようであれば、ポットをトレイから取りだして、ポット上に残っている固形肥料をポット外にこぼして、固形肥料からの溶出を防ぐことも必要になる。

・培養土中のEC値から窒素含量を推定する方法

土壌のEC値と土壌窒素含量に密接な比例関係があることを利用して、培養土中のEC値を

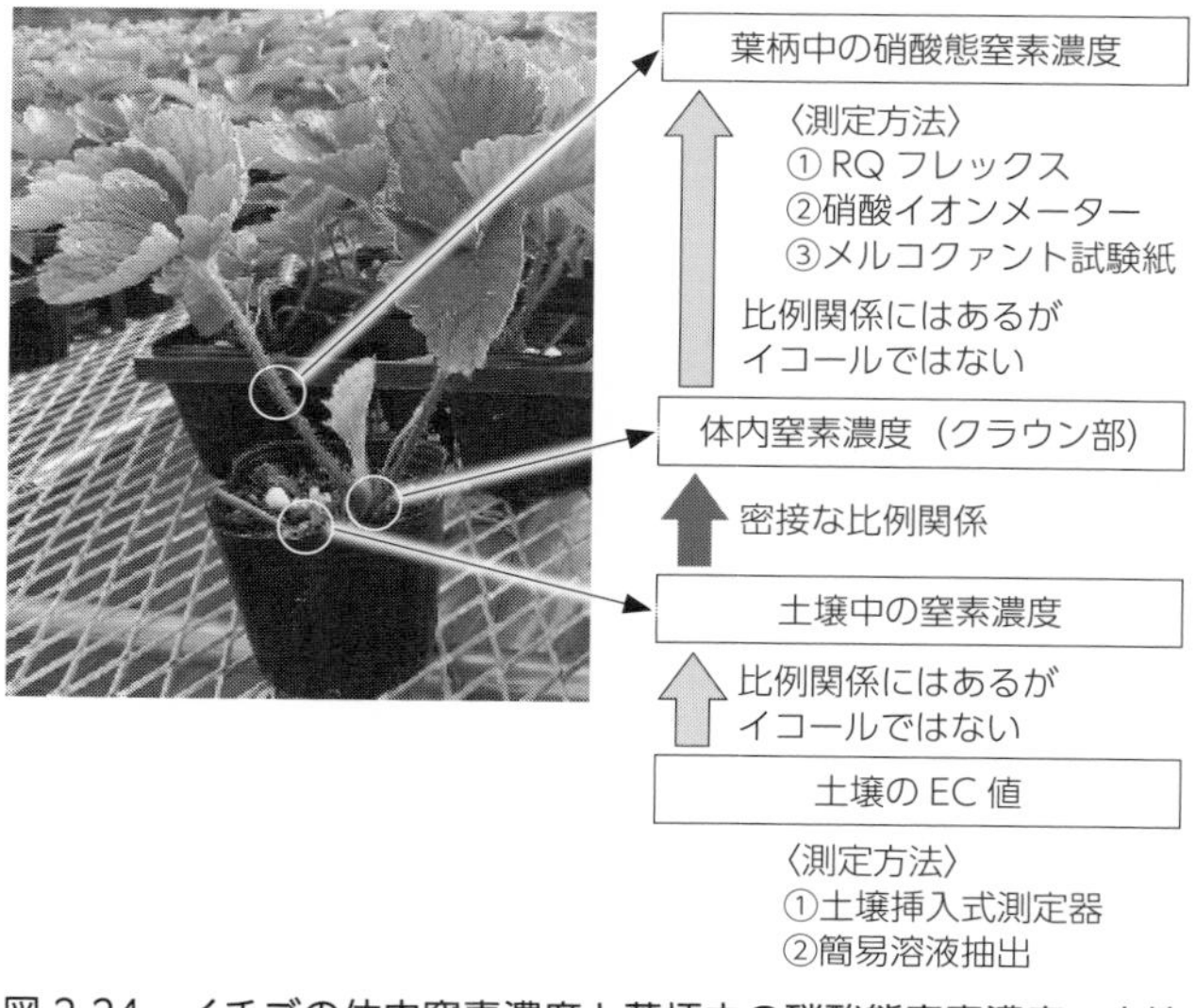

図 2-24　イチゴの体内窒素濃度と葉柄中の硝酸態窒素濃度，土壌の EC 値の関係
葉柄中の硝酸態窒素濃度は体内窒素濃度とある程度比例関係にある
土壌の EC 値は土壌中の窒素濃度ともある程度の比例関係にある
したがって，体内窒素濃度を推定するために葉柄中の硝酸態窒素濃度や土壌の EC 値が利用できる

測定して培養土の窒素含量を推定する方法である。培養土の窒素含量がわかれば、イチゴの体内硝酸態窒素濃度も高い精度で推定できる（図2－24参照）。

以前は培養土からの浸出液でＥＣを測定していたが、手間がかかることもあって、多くの点数を迅速に測定するには不向きであった。しかし最近は、土壌中に挿してＥＣ値を測定する機器が市販されており、これを使うことで多数のサンプルを非常に簡便に測定できるようになった（図2－25）。しかも、多くの点数（株数）を短時間で測定できるので、株によるバラツキがあったとしても、サンプル数の多さでカバーできる。

そのほか、ポットに一定量の水を流し、底から流れでる溶液をためて測定したＥＣ値を、原水のＥＣ値と比較することで、残存している窒素量をある程度の精度で推定できる（図2－26）。

この方法はまだ一般には導入されていないが、現場での試験で有効な手段であることを確認しており、これからすすめたい方法である。

観察した花芽分化時期の誤解

一般的には、苗の生長点に、葉芽とは形態的に明確な見分けがつく、花芽が観察されたときを花芽分化時期（果房分化期）としている。なお、生長点の観察には、少なくとも40倍以上に拡大できる実体顕微鏡（双眼）を準備しておく。

イチゴの苗に着生している葉のなかで、外からみえない葉を内葉といい、生長点まで5～6枚着生している（図2－27）。この内葉数は、花芽分化前は品種や苗の大きさにかかわらずほ

ポット苗の測定状況
左：pH 測定用，右：EC 測定用

図 2-25　電極を土壌中に挿して EC，pH を直接測定する機器の例
実際に pH や EC を測定した結果，浸出液を測定する方法と遜色ない値が得られた。ただし，浸出液の EC 値は加える水の量で変化するので単純な比較はできない

図 2-26　育苗培養土の化学性を簡易に測定する方法
ポットの下に紙コップを置いて，上から一定量（50 ～ 100cc）の水を注いで，ポットの穴から余剰水がでなくなったら，コップにたまった溶液を測定する
この方法であれば苗が生育中の培養土でも容易に測定でき，無施用も準備しておくとより明確に判断できる
花芽分化誘導期に，無施用に対して EC 値が 0.2mS/cm 程度であれば，花芽分化には影響なく，生育の活性も維持できる

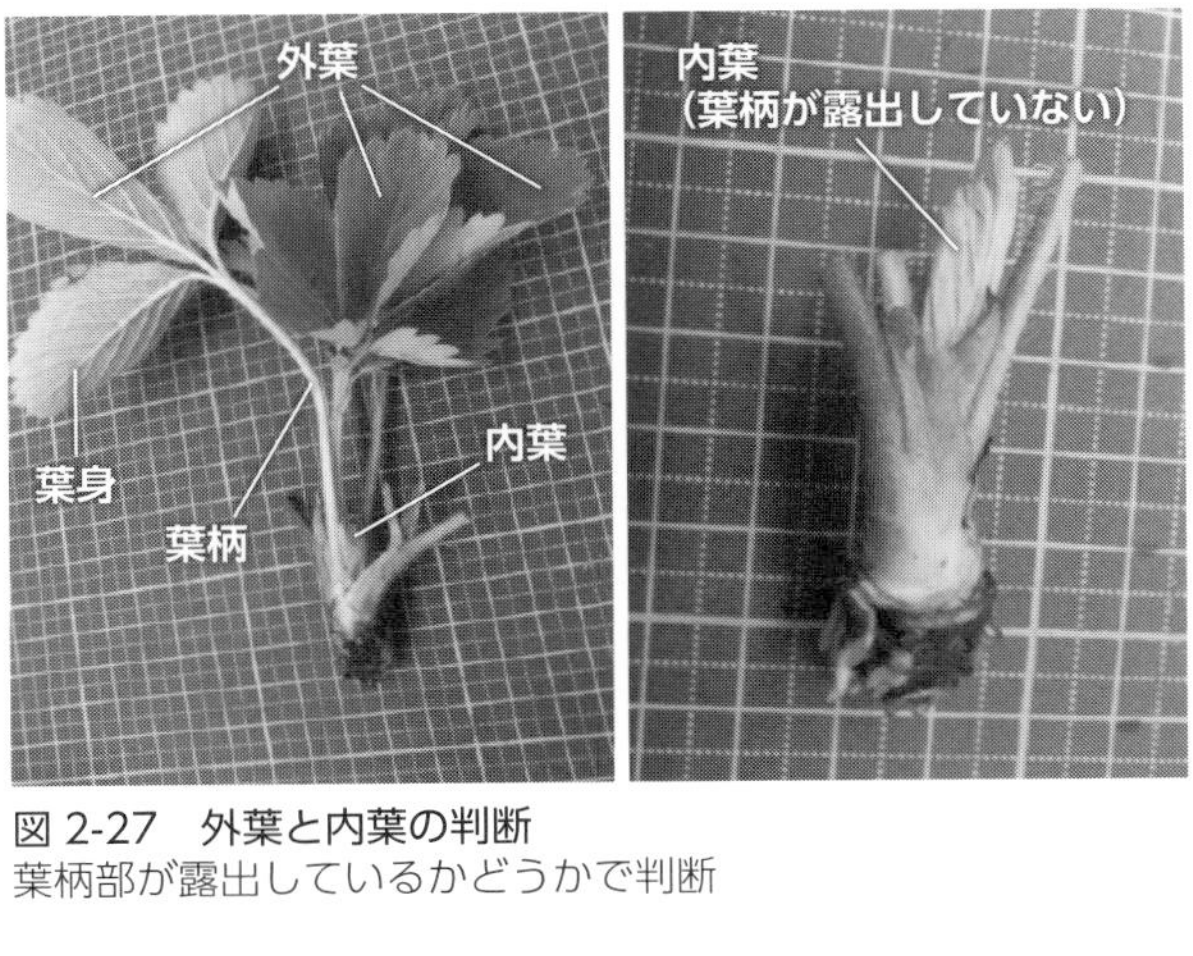

図 2-27　外葉と内葉の判断
葉柄部が露出しているかどうかで判断

ぼ一定である。実体顕微鏡で観察しながら、この葉を外側から1枚ずつむいて、最後にあらわれる生長点を観察して花芽分化の判断をする（図2－28）。

このようにして観察・確認された花芽分化時期は、頂果房内のすべての花の花芽が分化している時期と誤解されることが多い。しかし、実体顕微鏡で観察することができる花芽分化時期とは、果房分化が開始される時期、つまり頂果房の頂果（1番花）の花芽が形成された時期である。この時期には2番果以降の花芽はまだ形成されておらず、この後、順次形成されて果房内のそれぞれの花として形成されていく。

果房の形成は、まず花序軸（主枝）の先端に頂花（果）が、そのつぎに第1次分枝の先端に2番花（果）が形成され、さらにつぎつぎと分枝してその先端に花（果実）が形成されていく（図2－29）。

検鏡によって頂果房の頂果の花芽分化を確認することは、定植時期の判断に直結するので、確実に花芽分化していることが確認されるまで慎重に判断する。

なお、頂果房を構成する花数が決まるには、頂果の花芽分化からおおよそ3週間程度かかり、その期間の栄養条件によって、花（果）数や果実の大きさが大きく変動する。したがって、定植後の肥培管理を怠ると、果数や果実の

図 2-28　花芽分化期の生長点
左：未分化
右：頂果房分化初期

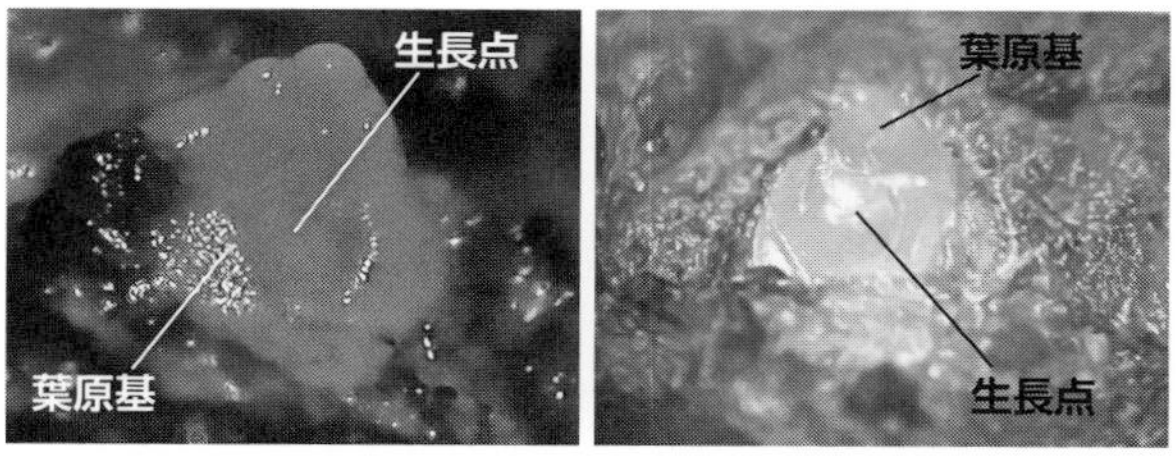

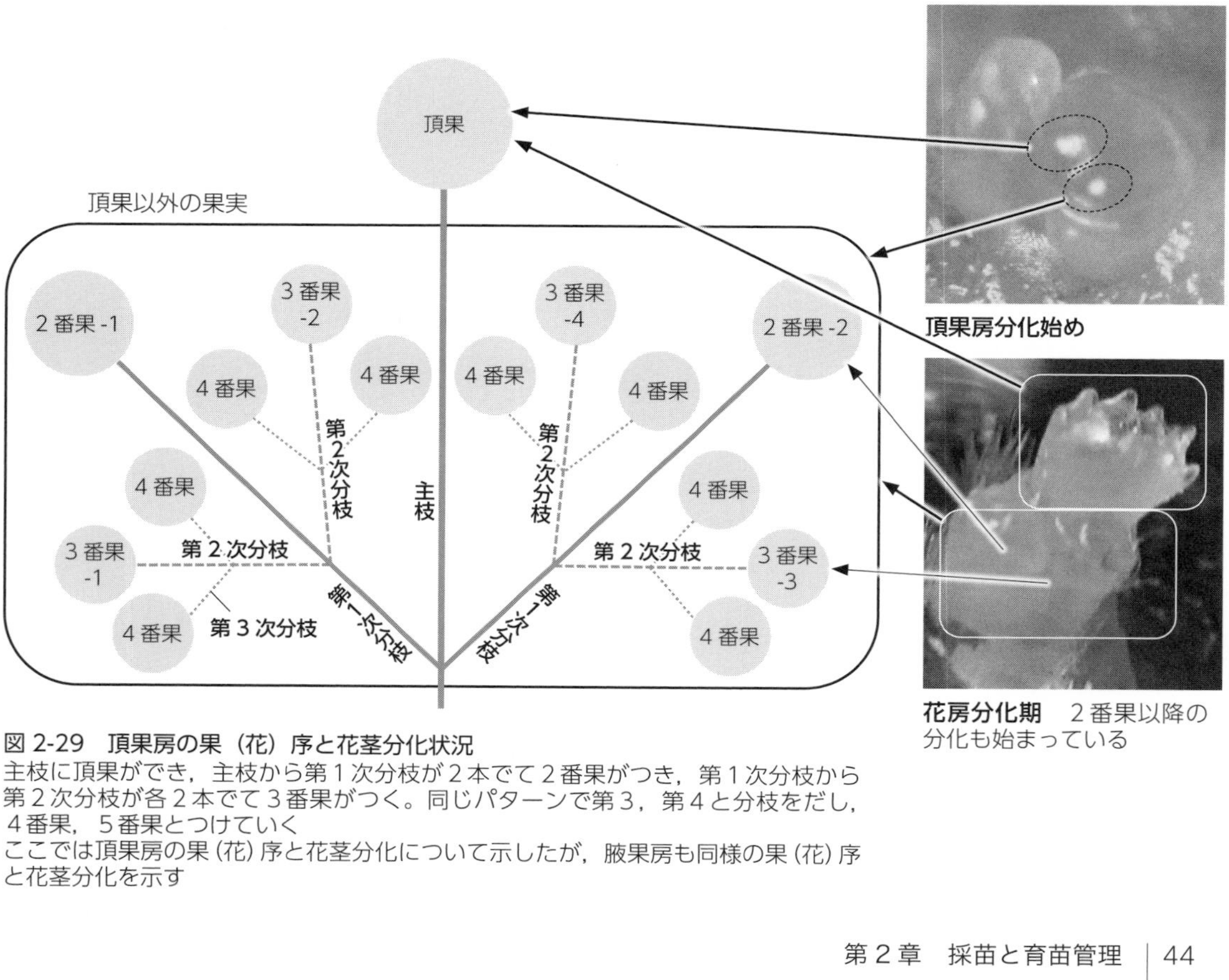

図 2-29　頂果房の果（花）序と花茎分化状況
主枝に頂果ができ，主枝から第1次分枝が2本でて2番果がつき，第1次分枝から第2次分枝が各2本でて3番果がつく。同じパターンで第3，第4と分枝をだし，4番果，5番果とつけていく
ここでは頂果房の果（花）序と花茎分化について示したが，腋果房も同様の果（花）序と花茎分化を示す

大きさに悪影響をおよぼすので注意が必要である（定植後の肥培管理は第4章2項参照）。

頂果房の頂果の花芽分化後の検鏡は内葉数の確認を重視する

・花芽分化ステージがすすむと内葉数は少なくなる

前項で、内葉数は、花芽分化前は品種や苗の大きさにかかわらず、ほぼ一定であると述べたが、それぞれの果房の花芽分化ステージと大きく関係している。

生長するにしたがって果房の花芽分化ステージがすすむが、それと同時に形成されている内葉が出葉（外にでる）するため、頂芽の内葉数は少なくなる。ただし、減少した頂芽の内葉数に置き換わって腋芽が発生し、腋芽に発生した内葉数が増えるので、頂芽と腋芽を合わせると内葉数には大きなちがいはない。

内葉数と花芽分化ステージには密接な関係があり、内葉数が少なくなるほど、果房の花芽分化ステージはすすむ。花芽が未分化の場合は内葉数5〜6枚で、頂果房の花芽分化期も5〜6枚、ガク片形成初期は4枚程度、ガク片形成期には3枚程度になる。そして、頂果の花器が完成するころには、内葉数は1枚になる（表2―2）。

表 2-2　頂芽の内葉数と花芽分化ステージ，腋芽の内葉数と分化状況

	頂芽	腋芽
内葉数５～６枚	花芽分化期，未分化	
内葉数４枚	頂果：ガク片形成初期	
内葉数３枚	頂果：花弁形成期 ２番果：ガク片形成期	内葉数３枚
内葉数２枚	頂果：雌ずい形成中期 ２番果：雌ずい形成初期 ３番果：花弁，雄ずい形成期	内葉数３～４枚 腋芽の頂果：果房分化期
内葉数１枚	頂果：花器として完成 ２番果：雌ずい形成期	腋芽の出葉期
内葉数０枚	頂果：出蕾期 ２番果：花器として完成期 ３番果：雌ずい形成期	

頂芽と腋芽の内葉数の合計数はほとんど５～６枚の範囲にある
（例）頂芽の内葉数が２枚であれば腋芽の内葉数（分化葉数）はほぼ３～４枚

・適期定植だったかは出蕾時の葉数で検証できる

出蕾から開花まで10〜14日程度かかるので、出蕾時期が確認できればおおよその開花時期が推定でき、開花時期以降の日積算温度（約600℃）がわかれば収穫時期が推定できる。

定植適期である花芽分化時期に定植したかどうかは、あとから検証できる。一般に、定植してから出現する葉は、育苗中の葉と明らかに大きさやツヤなどがちがうので、開花時期くらいまでは外からみて容易に確認できる。

定植してから葉が5枚くらい出現したあとに出蕾した株であれば、適期に定植したことが検証できる。しかし、3枚程度しか出現しないのに出蕾した場合は、ガク片形成期になったころに定植したことがわかる。

このように遅く定植した株は、定植時に花芽分化ステージがすすんでいるため、果実の大きさを左右する痩果数が少なくなり、大きな果実はとれない。

逆に、未分化状態で定植した場合、肥培管理によっては定植後急速に窒素肥料などの吸収が旺盛になり、栄養生長がすすむことがある。そうなると、定植してから蕾が出現するまでの出葉数は8〜9枚以上になり、それだけ開花時期が遅れるので、初期収量の低減につながる。このような状況では、出葉数が6枚とか7枚になることはほとんどない。

未分化苗を定植する場合は、あらかじめ検鏡用に定植した苗を検鏡し、花芽分化を確認後に施肥を始めるようにする。とくに、7月ころに定植する無仮植栽培では、花芽分化が確認できるまでは施肥を控える。

・内葉数で頂果房と腋芽の分化・発達を確認

主芽（頂芽）と腋芽（分枝）の内葉数は密接に関係しており、生育がすすんで主芽の内葉数

が減少するにしたがって腋芽の内葉数が増える。たとえば、頂芽の内葉数が2枚のときは、腋芽の内葉数（分化葉数）が増えて、おおよそ3～4枚になっている（表2－2参照）。

検鏡作業では、生長点を観察して花芽分化のステージを確認するだけでなく、主芽や腋芽の内葉数を観察することも重要である。頂果房の頂果の花芽分化期の確認は、定植時期の判断を下すのに重要であるが、それ以降の検鏡は、花芽分化ステージよりも内葉数を確認することに重点をおく。

つまり、内葉数の観察によって、頂果房の発達や、腋芽の分化ステージが順調にすすんでいるかどうかが確認できるからである。

検鏡は平均的な株で2～3日ごとに行なう

検鏡による花芽分化の確認には、実体顕微鏡や剥皮道具などの器材の準備と、生長点を観察するための技量習得が欠かせない（図2－30）。身近にある苗を継続的に検鏡するには、生産者自ら確認するのが望ましいが、実体顕微鏡の準備だけでなく、検鏡作業は習熟する必要があるので、慣れるまではもよりの普及センターやJAなどに相談し、苗を持ち込んで依頼するほうが無難である（図2－31）。

検鏡に使う苗は、中庸な生育のものを用いることも重要である。せっかく育てた苗を検鏡に使うことをもったいながって、育苗圃場の端にある、生育の劣った苗を用いる例をよくみかけるが、こうした苗は分化が極端に早かったり遅かったりするので、苗全体の花芽分化時期を誤る可能性が高くなる。できるだけ平均的な苗の

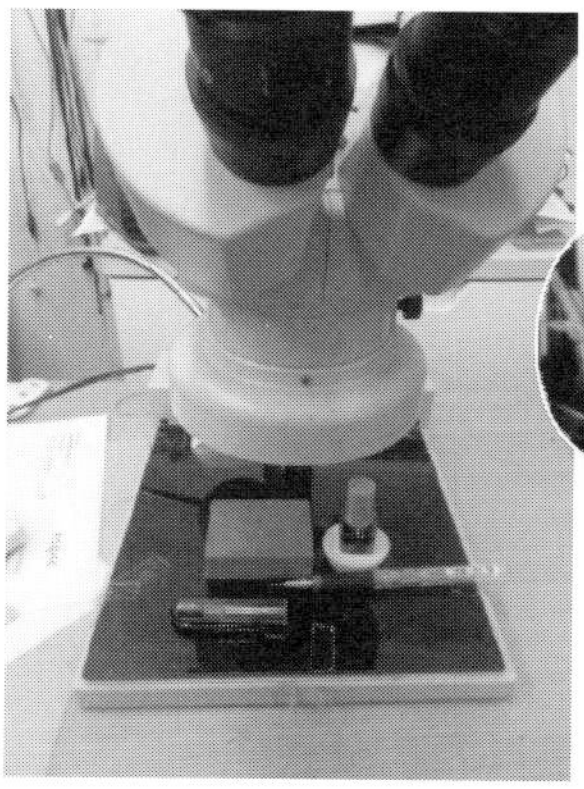

実体顕微鏡（倍率10～50倍程度）ズーム式があつかいやすい

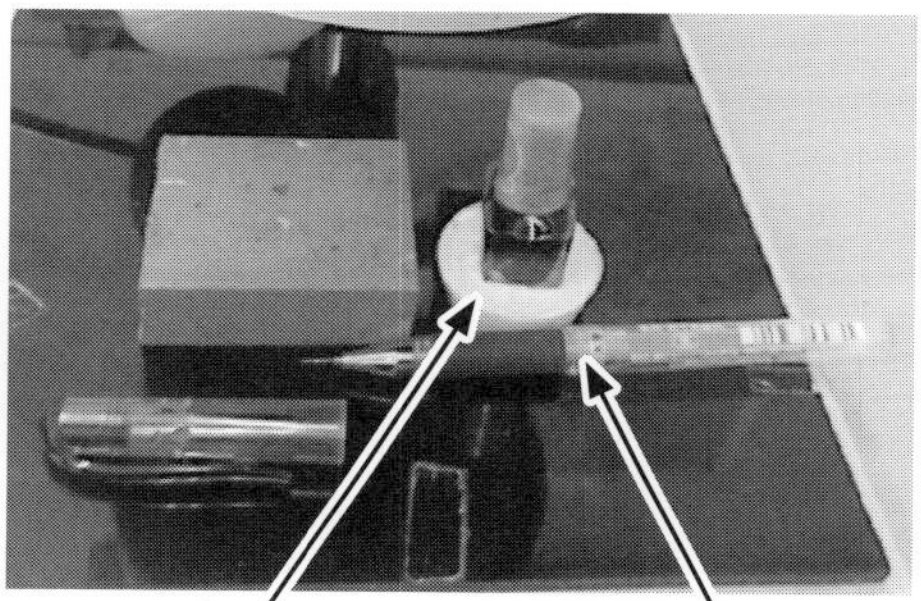

徳島県正森さん考案の染色液（アニリンブルー水溶液）をいれる容器：倒れにくく少量ですむので手が汚れにくい

福岡県荒木さん考案の剥皮用ピン（空のボールペンに針を装着）：キャップがついているので，針先がつぶれにくく，誤って指に刺さることもなくなる

図 2-30　検鏡用に使用する器具

①せん葉

②クラウンまわりの根を切る

③切りだしたクラウン

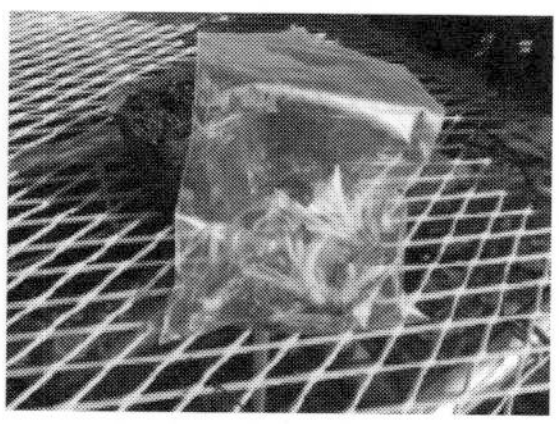

④乾燥するとクラウンが萎れて検鏡作業に手間がかかるので，切りだしたクラウンは密封できる袋にいれて，蒸発による萎れを防ぐ

図 2-31　検鏡前のイチゴ苗の調整
検鏡する前に本葉のせん葉やクラウン切りだしを行なう

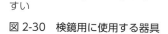

なかから、毎回5株程度選ぶとよい。

花芽の発育は3日間程度でも急速にすすむので、定植適期の判断を誤らないようにするには、検鏡は2〜3日間隔くらいで行なう。

検鏡によって、形態的な花芽分化状態に達した株が3分の2程度であれば、残りの株は形態的な花芽がみえなくても花芽分化しているとみなして、すみやかに定植する。

花芽分化促進処理しない場合の分化時期の判断

花芽分化促進処理をしない作型の育苗の場合は、日長条件は毎年同じなので、温度が花芽分化時期の変動要因になる。例年の花芽分化時期の1カ月ほど前から、気温（日平均気温）の経過を確認して判断する。

過去の同じ時期の気温と比較して高く推移する年は遅く、低い年は早くなるので、おおよその推定はできるが、最終的には検鏡によって定植時期を決定する。

ただし、検鏡による花芽分化時期の確認は、あくまで、できるだけ収穫を早くするために行なうのであり、急がない作型や意図的に定植時期を遅らせる作型では不可欠な作業ではない。

花芽分化期後の栄養状態と果（花）数

定植（花芽分化期）後の栄養状態は果（花）数に大きく影響し、あとから順次形成される花芽ほどその影響が大きい。

イチゴは、分枝数が多いほど果実数が多くなる。しかし、分枝数が少ないと収穫する果実数が少なくなるだけでなく、分枝と分枝との収穫間隔が長くなることもあり、結果的に早く果実が少なくなって（玉落ち）、収量が上がらない。玉落ちとは、高次の腋果数が少なくなる現象で、原因は分枝数が少なくなるためである。

果房形成期のイチゴの栄養条件は分枝の発育に大きく影響し、本来であれば頂果を中心に両側に均等に1次分枝が発生するが、栄養条件が悪くなると片側の分枝の生長が停滞するため、分枝数が少なくなる。結果として、収穫果数が少なくなる。

なお、果柄の分枝の次数が同じであれば、それぞれの分枝に着生する頂果の開花時期はほぼ同じになる。

果実の大きさは痩果数で決まる

果実の大きさは、それぞれの果実の痩果数（イチゴの果実は花托が肥大したもので、表面のゴマ状の器官が真の果実で、痩果と呼ばれている。痩果のなかには種子がある）によってほぼ決まり、果実の生育期間中の温度など、環境条件の影響は10〜20％程度である。

痩果数を左右する条件の詳細は明らかではないが、同じ品種でも花芽分化期を比較的低温で経過させると痩果数は確実に増えて、果重も大きくなることが確認されている（図2－32）。

また、果房のなかで花芽分化が遅くなる花ほど痩果数は少なくなるので、高次になるほど果実の大きさは小さくなる。大きな果実をとるた

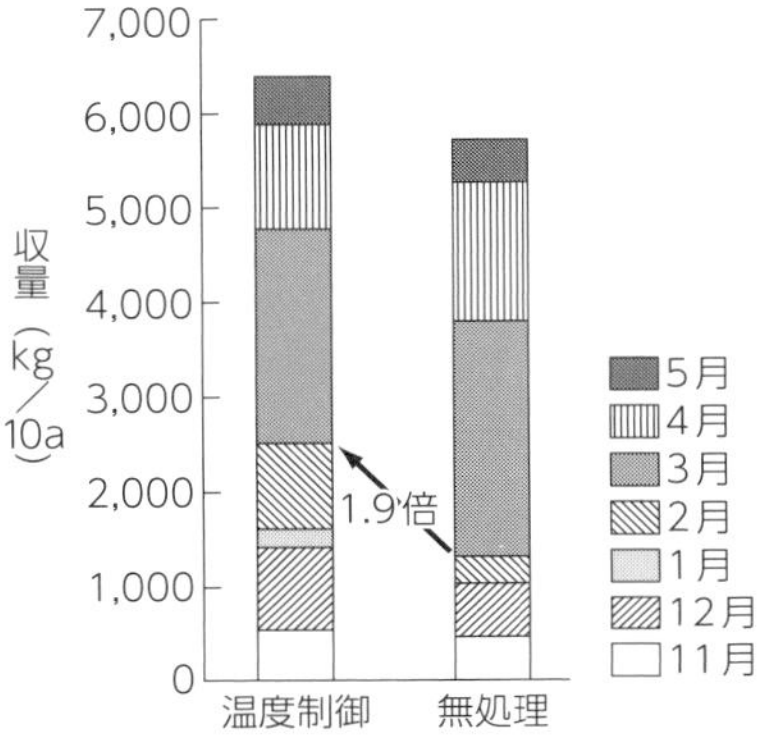

第1次腋果房分化促進による早期収量の増加効果（2月までの収量が1.9倍）

頂果房2番果

	平均果重（g）	痩果数（個）
温度制御	28.7	378
無処理	25.1	349

〈効果〉
・高温期の果実肥大促進効果：果実痩果数の増加による果実肥大
・低温期の草勢維持

図2-32　クラウン温度制御は痩果数の制御に有効（農研機構）

めには、低次腋果を確実に収穫する。

なお、いうまでもないが、イチゴでは摘果によって残った果実が大きくなることはない。

9 花芽分化促進処理の方法

夜冷短日処理

・温度と日長の制御で分化を促進

一般的には、遮光資材を使って暗黒状態にした低温処理施設に、苗を夜間中心に13～16時間程度いれて（8時間日長にする）、花芽分化を促進する処理方法である。この方法は、短日条件と低温条件を充足することで花芽分化を促進するものである。

実際には、巻き上げができる遮光資材を展張したパイプハウスなど、簡易な処理施設で行なうことが多い。昼間は遮光資材を巻き上げて露地条件に苗を置き、通常のかん水管理を行なう。夜間は遮光資材を降ろして光が当たらないようにしたうえで、クーラーを稼働させてハウス内の空気を冷やす。これを花芽分化確認まで毎日くり返す。

クーラーの設定は20℃程度にし、送風ダクトを使って、できるだけ温度ムラのないようにする。

苗を載せた架台を、レールで低温処理施設内に移動する方式もある。低温処理施設内で架台を3～4段に重ねることができるものもあり、処理数もそれだけ多くなる。

・短日条件は12時間日長でも十分、むしろ低温遭遇が大切

夜冷短日処理の場合、前述のように日長時間を8時間としている例が多い。しかし、一季なりイチゴの花芽分化誘導には、日長時間が12時間でも十分な短日条件であることを認識しておきたい。

このことは、国内の促成イチゴ産地では、1年のうちで日長時間が8時間以下になる地域はないが、花芽分化処理しなくても、イチゴは秋に花芽分化して果実をつけていることからも理解できると思う。

夜冷短日処理する作型の花芽分化誘導期間にあたる8月後半以降では、花芽分化に有効な日長時間を充足するためだけなら、1時間（緯度の低い地域）～2時間（緯度の高い地域）程度の遮光（短日処理）で十分である（図2－33）。

これ以上短日にするより、温度を低くするほうが、花芽分化がよりスムーズにすすむ。花芽分化を効率的に誘導するためには、処理時間帯を含めて、1日をとおしてより多く低温に遭遇させることが重要である。

なお、昼間も遮熱資材を被覆すれば、温度を下げる効果がある。遮熱資材でも遮光率は40～

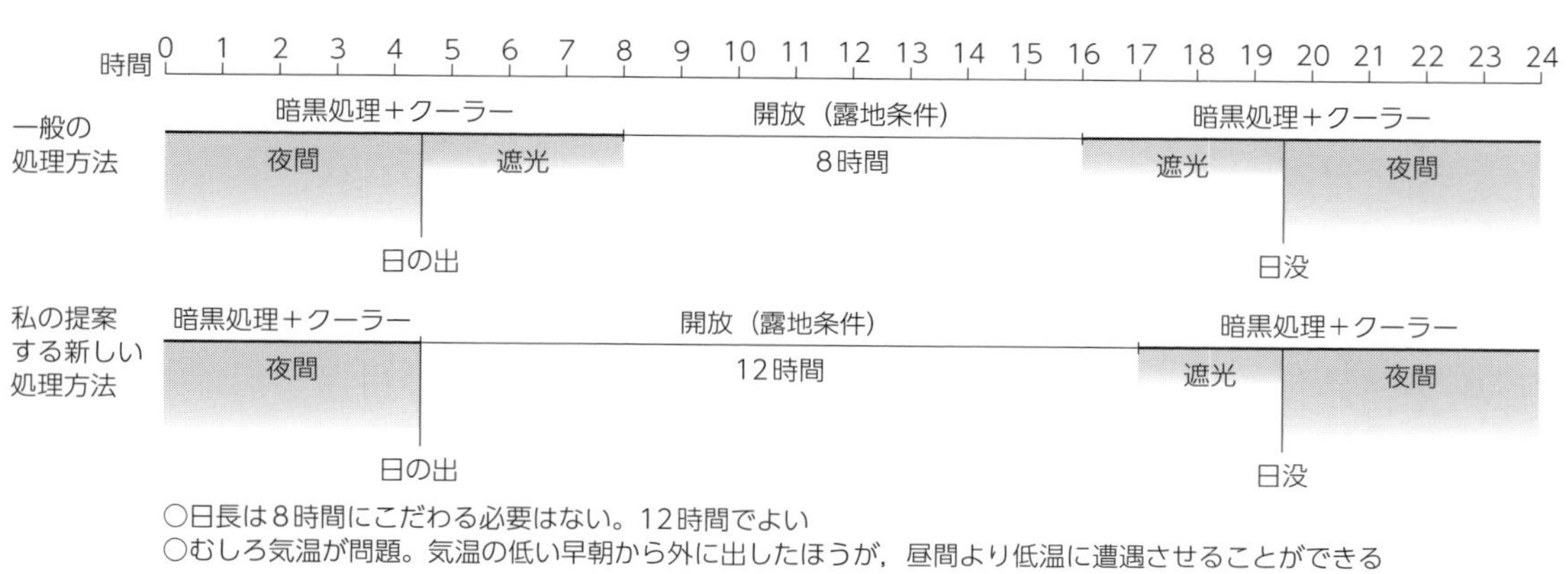

○日長は8時間にこだわる必要はない。12時間でよい
○むしろ気温が問題。気温の低い早朝から外に出したほうが，昼間より低温に遭遇させることができる

図 2-33　新しい夜冷短日処理の提案

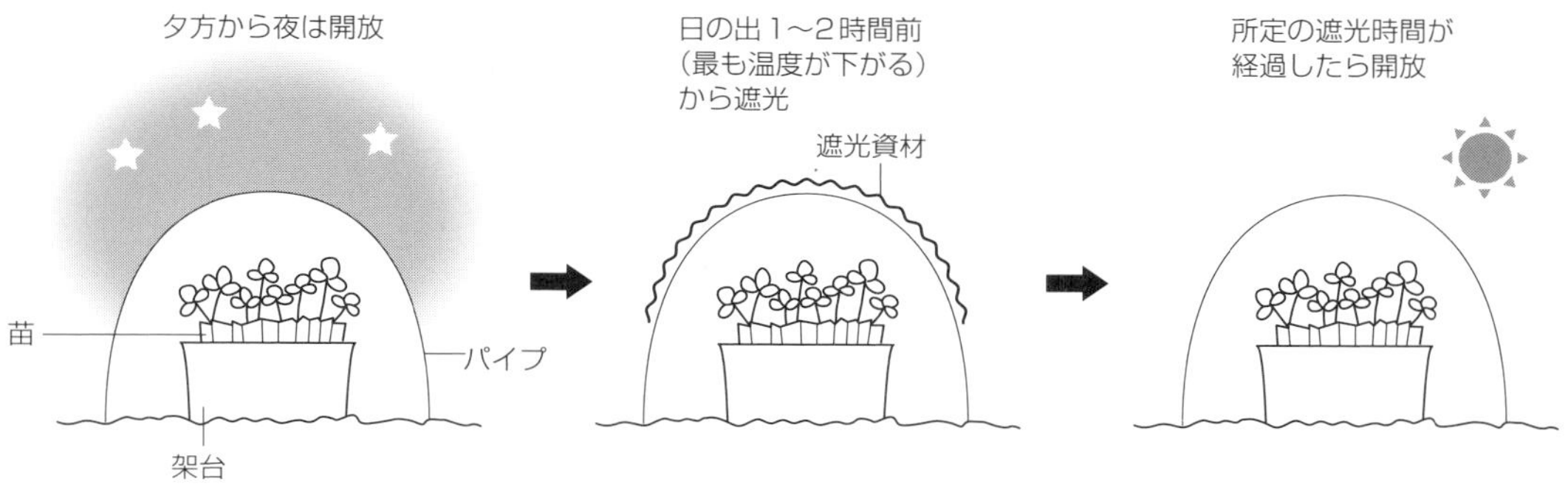

図 2-34　低温が確保しにくい施設での夜冷短日処理の工夫

50％程度なので光合成もできる（後出「その他の花芽分化促進処理方法と効果」の項参照）。

・遮光時間帯は午前と午後同じ時間をとる必要はない

遮光時間帯を昼間の12時を中心に、午前と午後同じ時間をとって開閉することもよく行なわれている。しかし、これはあくまで人間の明暗の感覚で行なっているだけで、この時間帯に遮光しなければならない理由はまったくない。

朝の温度は夕方の温度より低いので、低温処理施設の外にだす時間帯は朝早くからにして、夕方早い時間から処理施設にいれたほうが、昼間の時間帯をより低温に遭遇させることができる。

・低温が確保しにくい施設での処理の工夫

低温処理能力が低く、低温が確保できにくい施設を利用する場合は、同じ日長時間でも、朝方、最も温度が下がる日の出1～2時間前から遮光資材で被覆し、所定の遮光時間が経過したあとで遮光資材を開放する方法もある（図2－34）。

この方法のねらいは、クーラー設備が不十分なので、夕方遮光しても低温が確保できないため、夕方は遮光せず自然の風で放熱しながら夜をむかえ、朝の温度の低い時間帯に遮光して温度の上昇を防ぎながら短日条件も満たし、温度が低い状態をできるだけ長く維持しようということにある。

低温暗黒（株冷）処理

低温暗黒処理は、収容容器にいれたポット苗を、低温倉庫などにいれて、低温暗黒条件におくことで花芽分化を誘導する方法で、株冷処理ともいわれている（図2－35）。

・処理期間は20日程度が目安

低温暗黒処理の期間は長くて20日程度で、それ以上長くしても花芽分化促進率は高くならない。むしろ、暗黒条件に長期間おくことで苗の

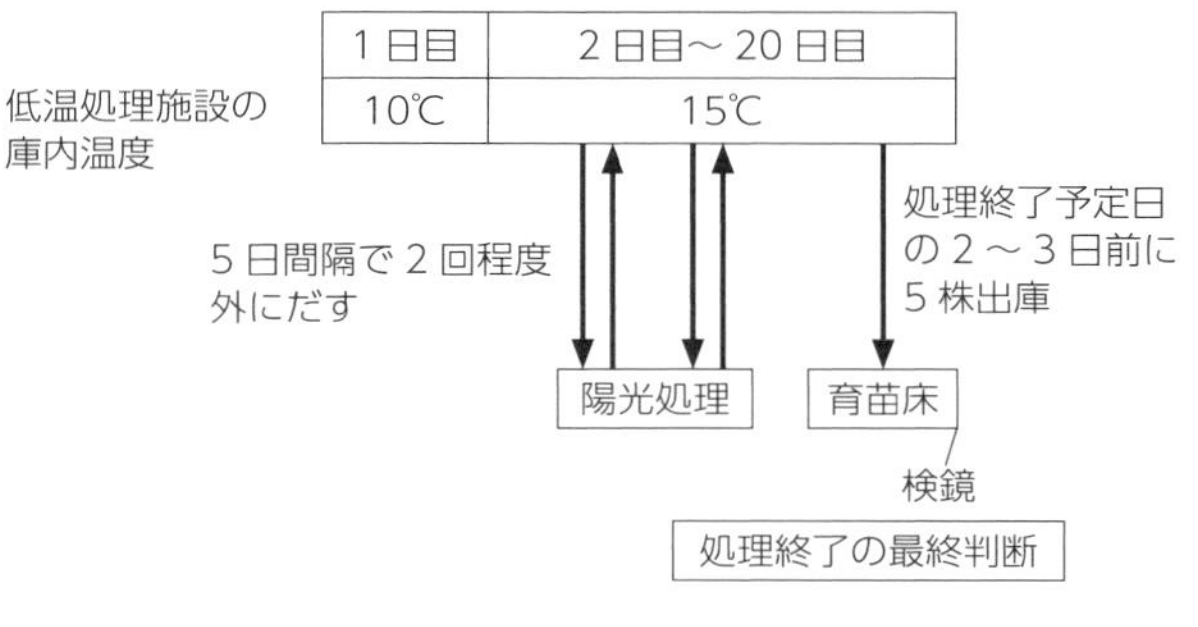

図 2-35　低温暗黒処理の庫内温度，日数，陽光処理，花芽分化の確認

消耗が激しくなり、定植後の活着や収穫開始時期が遅れる。さらに、苗の消耗に起因する炭疽病の発生も多くなる。

処理終了時期は、検鏡による花芽分化を確認してからになる。確認後すみやかに定植するが、出庫は定植前日の夕方に行ない、苗を順化しておく。

処理開始時期が遅い作型では、すでにイチゴが花芽分化誘導期間にはいっている可能性が高く、それだけ処理日数は短くなる。

・処理温度は15℃程度が安定
—入庫時は10℃程度の低温に

低温暗黒処理時の温度は、15℃程度が最も安定して花芽分化が誘導できる。これ以上高いと株の消耗が激しくなるので、定植後の活着が遅くなり生育や収量が低下する。また、低いと処理中の生育が停滞するため、花芽分化時期がかなり遅れてしまう。なお、10℃以下では、花芽分化促進効果は期待できない。

処理時期はポットの地温が高い時期なので、入庫するとポット培養土からの放熱によって、設定した温度まで下がるのに時間がかかってしまう。それを防ぐため、入庫後1日くらいは、10℃程度と低めに処理庫の温度を設定する。そして、2日目くらいになり温度が安定してから15℃程度に庫内温度を設定する。

収穫した果実を、パック詰めする前に、一時的に保管する果実貯蔵用の冷蔵庫はかなりの割合で普及しており、この冷蔵庫を使用しない夏期に、簡易な低温処理庫として利用している例も多い。

この処理では送風がそれほど強くないので、冷気が庫内をスムーズに循環できるように、冷風の通り道をつくり、苗を収容したコンテナにできるだけ均等に冷風が当たるようにする。また、温度の厳密な制御はむずかしいので、簡単な温度計を設置し、モニタリングしながら計画どおりの低温処理ができているかチェックする。

・定植後の芽なし株を防ぐ

低温暗黒処理期間中は、光合成が行なえない暗黒状態で経過するので、苗の消耗が大きく、定植後の芽なし株の発生も多くなりがちである（芽なし株については本章1項、第4章5項参照）。

それを防いで安定的な花芽分化を実現するには、低温暗黒期間中の消耗に耐えられる、クラウン径が10㎜程度の少し大きめの苗を使う。そのためには、育苗開始を2週間ほど早めにする。つまり、クラウン径を大きく育てるため、育苗期間を2週間ほど多くとるのである。

・花芽分化時期を的確に判断するために

定植のための出庫のタイミングは、処理期間中の花芽分化状態によって判断するが、この処理方法ではイチゴ苗は低温暗黒条件で生育しているため、生育速度が緩慢で生長点の発育も鈍く、普通の育苗にくらべて花芽の発育速度が遅いので、的確な判断は意外にむずかしい。

低温暗黒処理で、花芽分化時期を的確に判断するためには、出庫予定日の2〜3日前に5株程度を冷蔵庫から取りだして、庫外の一般的な育苗環境に置いてから検鏡するとよい。こうすると花芽の発育が早くなり、花芽分化の有無の確認が容易にできるので、出庫・定植の判断がより的確にできる。

・陽光処理で苗の消耗を防ぐ

低温暗黒処理の期間は10日から長くても20日程度であるが、暗黒条件が10日以上継続すると、苗の消耗が大きくなり下葉の黄化もみられるようになる。処理期間中の苗の消耗をできるだけ避けるには、5日間隔で2回程度、昼間だけ冷蔵庫の外にだして、苗を太陽光に当てるとよい。この処理を陽光処理という（図2−36）。

図 2-36　陽光処理の様子

陽光処理によって光合成が行なわれるため、体内養分が充実して苗の体力が回復するので、花芽分化が安定し、芽なし株の発生も少なくなる。また、白く徒長した芯葉の緑化もすすむ。

陽光処理は晴天日を選び、朝の出庫時には十分かん水し、再入庫はポットの地温が低下してからの時間帯に行なう。

この処理によって花芽分化に必要な低温量の充足が多少遅れるが、2回（日）程度であれば大きな遅れにはつながらない。しかし、それ以上の頻度になれば花芽分化に必要な低温遭遇量が不足し、しかも昼間の高温によって低温遭遇効果が打ち消されるので、計画した花芽分化時期が遅れてしまう。

花芽分化促進処理は、年次変動の少ない安定した花芽分化の誘導には有効な手段であるが、それなりの手間や費用がかかる。しかし、毎年、安定した収量を上げるには、できるだけ年次変動の少ない処理方法を選びたい。

その他の花芽分化促進処理方法と効果

・昼間の遮熱資材の被覆

通風のよい雨よけハウスの天井に遮熱資材を展張することによって、昼間の高温を下げることができる。これに、夜間の開放を合わせれば1日の平均温度を下げることができるので、花芽分化をそろえる効果がある。この方法は、花芽分化の促進というより、あくまで分化時期をそろえることが目的になる。

なお、遮熱資材を夜間展張したままだと、地面からの輻射熱が遮断され、放射冷却による夜温の低下を妨げてしまうことになることを理解しておく必要がある。

したがって、遮熱資材の効果を的確にするためには、巻き上げ器などで開閉できるようにしておいて、夜間や曇雨天日の昼間には開放すると、より低い温度が確保できる。

・PK剤は花芽分化促進効果があるのか

ポット育苗が普及しだした昭和50（1975）年代には、窒素成分を含まないリン酸（P）やカリ（K）を主体にしたPK剤やP剤の葉面散布によって、花芽分化が促進すると喧伝されたこともあった。しかしその後、花芽分化の促進には窒素制御が大きく影響することが明らかになり、花芽分化促進のためにPK剤やP剤を使うことは少なくなっている。

PK剤やP剤の散布によって、目にみえない程度の濃度障害による生育への悪影響が発生し、結果的に花芽分化が早くなることはありえる。しかし、その悪影響が大きくあらわれると生育が遅れ、収穫開始の遅れや収量の低下につながる。

また、これとは別に育苗や本圃での徒長防止のために、PK剤やP剤が施用されている例もある。この場合は、リン酸やカリ成分が直接的に影響するのではなく、目にはみえない程度の軽い濃度障害による、徒長防止効果ととらえたほうがよい。

花芽分化遅延処理の方法

これまでの促成栽培は、いかに早く収穫を始めるかが収益に直結していたので、いろいろな花芽分化促進処理が開発され、普及してきた。しかし、最近の12～1月の市場価格はかなり平準化しているので、これからは経営的な視点から販売計画を立て、それにもとづいた生産計画を立てることが、早く収穫するより重要になる。

生産計画を実現するためには、収穫時期全体の調整が重要になる。そのためには、花芽分化時期を早めるだけではなく、意図的に遅らせることを組み合わせることも必要になる。

花芽分化時期を意図的に遅らせる方法は、気温や日長を制御できる、植物工場での育苗であれば容易に行なえるが、施設や維持するためのコストがかかる。しかし、半月から1カ月程度であれば、露地状態で日長だけを制御することで遅らせる方法がある。

電照用の配線と電球をそのまま使って、育苗期の後半（8月中旬以降）から夜間点灯して、日長時間が16～24時間になるよう長日処理をすれば、苗を育苗床に置いたままで、花芽分化させない条件を維持できる。

そして電照を停止すると、その時点から花芽分化の誘導が始まるので、希望する時期まで花芽分化を遅延させることができる。電照の打ち切り時期は、経営方針によって任意に決めることができるので、毎年計画した時期の収穫開始がより高精度で実現する。

電照を打ち切ったあとは、温度などの花芽分化を左右する条件が満たされているので、電照打ち切り約3週間後には形態的な花芽分化が誘導されることになる。

育苗後半から電照処理して花芽分化時期を遅らせると、頂果房の花芽の生育時の温度がやや低くなるため、果実の痩果数が増えて果実重が大きくなるという利点もある。

10 その他の育苗管理

遮熱資材の利用 —遮光資材＝遮熱資材ではない

イチゴは本来低温性の作物であるが、促成栽培のイチゴではどうしても夏の高温時の育苗になるので、苗のストレスが大きい。健苗を養成するためには、できるだけ高温に遭遇するのを回避することが望ましいので、遮熱資材を活用する。

以前は、遮光＝遮熱という認識が一般的で、遮光資材の展張によって暗くなると、それだけ温度も低下するという誤解があった。そのため、遮光資材を遮熱資材と同義で利用する例も多かった。

しかし最近では、遮光率が高くなくても、太陽光の資材への吸熱を抑えることによって、資材からの輻射熱の発生が抑えられるものが遮熱資材として開発されており、必ずしも遮光＝遮熱という関係はなくなっている。

したがって、太陽光をある程度透過させてイチゴの光合成を維持しながら、遮熱することが可能になっている。

摘葉

育苗時の下位葉の摘葉作業は、展開葉を3枚程度に維持することを目安に定期的に行なう（図2－37）。なお、そのつど、摘葉したあとのクラウン部の傷口から病害菌の侵入を防ぐため、薬剤の予防散布を徹底する。摘葉作業ででてくる残渣は、圃場に放置したままにしないで、身近に袋などを常備しておき、そのつど袋へ封入し、作業が終わったあとは必ず圃場の外へ持ちだすようにする。

イチゴの葉は外側から内側に向かって2／5回転の順番で展開し、2回転（5枚）後の6枚目は上からみたときに元の位置になる（図2－38）。葉位を意識することなく、適当に下葉を摘葉すると順位が逆になり、内側の葉を摘除することになれば、残った葉の葉柄基部を傷め

図 2-37　摘葉
古い葉から順番に除去する。古い葉と新しい葉が区別しにくい場合は，株元の托葉（白い線）がかぶさっているかどうかで判断し，外側の葉を除去する

図 2-38　イチゴの葉序
①が最も古い葉。①→②（この株ではすでに摘除されている）→③→④→⑤の順に出葉した。⑤の次は①の位置に新しい葉がでる。この株は左回りに葉がでている

てしまう。そのことを頭にいれて、下位葉から順次適葉すると、摘葉のときに残すべき上位の葉を傷めることがなくなる。

ランナー摘除

育苗期には各葉腋から各1本のランナーが発生し、放任しておくと繁茂状態になり、不要な組織を育てることになるので、苗の体力も消耗する。ランナーはみつけしだい根元から摘除することが望ましいが、それなりの手間がかかる。

ピンチ前　　ピンチ後

図 2-39　ランナー先端部のピンチ
苗の養成段階ではできるだけ早く先端をピンチする

育苗管理中にランナーをみつけたときに、そのランナーの先端部分をピンチすると比較的短時間ですむ。これでランナーの伸長を抑えられるので、余分な子苗の発生や体力の消耗を防止することができる（図２－39）。

温度記録計（温度ロガー）を上手に利用する

生育には温度が大きく影響しており、その時々の温度を確認するだけでなく、記録を残すことができれば、温度と生育との関係などを解析するときに、重要な情報の一つとして利用できる。

最近は、半年以上温度を記録することができる温度ロガーが身近な存在になっているので、大いに活用すべきである。簡単なボタン電池で動き、雨露程度には十分耐えられる耐候性がある。

花芽分化促進処理のための苗の低温処理でも、庫内の温度が設定どおりに推移していることの確認のため、苗の生長点付近に温度ロガーのセンサーを取り付けておくとよい。

なお、詳しい使い方や使用上の注意点は、第５章６項を参照のこと。

第3章 定植前の準備と定植

1 栽培システムの選定と準備

栽培システム選定の着眼点

現在では多くの高設栽培システムが市販されており、それ以外にも生産者が自作したものも多数ある。生育が安定し、低コストで導入することができる栽培システムを選定する。

普及しているシステムは、生育に影響するような大きな問題は基本的には解決されており、収量に決定的なちがいがあるシステムはないといえる。したがって、栽培システムの選択では、その栽培システムに合った管理方法や、導入コストが大きな課題になる。

必要不可欠な部材と、なくても本質的には問題にはならない部材があるので、導入する前に、それぞれの部材について必要性を十分検討する必要がある。

たとえば、ピートモスを主体とした培養土では、保水性が高すぎるために湿害が発生しやすい。そのため、栽培ベッドは排水性を高めるような資材の利用が欠かせないが、土性がちがえばこのような資材は不要になる。また、不織布を使った架台では、架台下からの保温効果を上げるために透明フィルムで覆うことがあるが、断熱性の高い発泡スチロール製の栽培層では不要となる。

基本的には、土壌中に水分がたまらないような栽培槽の構造や部材を選定する。培養土の検討も重要な課題である。また、架台と栽培余剰水の廃液用資材を一体化せず、独立するように設置することも重要である。

架台は水平にする

土壌水分の不均一が、生育に直接的に影響する。かん水による土壌水分の不均一さは、架台の勾配に大きく影響を受ける。土壌水分が均一になるように、栽培架台は長さ方向の傾きがないように設置する。

架台に傾斜があると、かん水ムラがでにくい点滴チューブを使っても、栽培槽全体への均一なかん水を行なうのはむずかしい。とくに、点滴チューブの水圧が適正水圧より低い場合は、少しの傾斜であっても、高い場所はかん水量が少なく、低いところはかん水量が多くなり、この差が土壌水分の差になって、生育量の差につながる。

架台を水平に設置することで、栽培槽全体へのかん水量が均一になり、結果的には生育もそろう。

上下に高さがちがう、2段式や3段式の架台で構成される栽培システムの場合、架台の給液管が一体になった仕様では上下の架台間の水圧に差ができ、上の架台は下の架台より水圧が低くなるため給液量が少なくなる。それを避けるには、給液管は上下別々に配管し、それぞれに水量調節用のバルブを取り付けておく。

余剰水の集水用資材が架台と一体化したものは避ける

・架台は水平に、集水用資材は傾斜が必要

栽培槽内の底部を余剰水が流れる構造では、先に行くほど余剰水の量が多くなるので湿害がでやすい。余剰水の集水用資材を使う場合は、架台と一体化したものではなく、できるだけ別に取り付けたものにする。架台は水平にするが、集水用資材は栽培余剰水が流れやすいよう、１５０～２００分の１程度の傾斜をつけるためである。（図３－１）

図 3-1　ポリフィルムと直管を使った簡易な余剰水集水シート
架台は水平にし，集水シートは架台脚部の直管に，たわませるように固定して傾斜をかける。架台と集水シートは一体化しない

集水用資材を設置するときは、栽培余剰水が途中で停滞しないよう、傾斜を確認しながら架台脚部などに固定する。集水用資材の途中で滞水して、水たまりがいったんできてしまうと、その後の補修に大きな手間がかかる。

・架台に傾斜がついている場合の次善の対策

架台と栽培余剰水の集水用資材が一体化したもので、集水機能を重視した結果、長さ方向に傾斜がついた栽培槽の設置例があるが、この場合は栽培槽へのかん水ムラが発生し、それによる生育ムラが発生することになる。

すでに、設置した架台に傾斜がついている場合は、培養土も充填したあとなので、架台を再構築するには相当な手間とコストがかかる。そんな場合、大きな手間がかからない次善の対策としては、給液口を架台端から架台中央部に移動し、架台中央部から両端に向けて給液することで不均一な給水の改善効果がみられる。

・かん水ムラは点滴チューブの水圧の影響も大きい

水圧が低いとかん水ムラが発生しやすくなる。点滴チューブは、一般的なかん水チューブにくらべて適正な水圧が低く、通常のかん水の水圧ではチューブが破裂することもよく現場ではみられる。それを避けるために水圧を必要以上に低くすることがあり、そのこともかん水ムラに大きく影響する。

点滴チューブには適正な水圧が表示されているので、チューブ設置後、あらかじめ末端に水圧計を取り付け、水圧を確認するようにしたい。

余剰水は必ずハウス外にだす

栽培余剰水を、栽培槽からそのまま架台下の床面に設けた排水溝に自然落下させ、そのまま地下浸透させている例をみかける。

しかし、排水が悪く余剰水が排水溝にたまった状態になったり地下浸透がつづくと、ハウスのフィルム被覆後の湿度が高くなりやすく、とくに厳寒期に灰色かび病など病害の発生を誘発する。したがって栽培余剰水は、集水用資材を利用してハウス外へだせるよう工夫する。

蒸散量の変化に対応できるかん水システムを選ぶ

前述したようにイチゴの安定した生育には、安定した土壌水分が大きく関係する。全栽培期間をとおして、土壌水分の変動ができるだけ小さくなるような水分管理が必要である。

土壌水分は、土壌へ供給する給水量と、イチゴの葉面からの蒸散量によって決まる。蒸散量に応じたきめ細かなかん水制御を行なうことで、土壌水分の変動が抑えられる。

蒸散量と日射量は、密接な比例関係にあることが明らかになっているので、かん水のタイミングを積算日射量で自動的に制御できるかん水装置を選ぶことが望ましい（たとえば、ニッポー社やスナオ電気社の日射比例かん水制御装置は比較的低コストで精度が高い）（図３－２）。

日射比例制御では、かん水のタイミングはその日の天候によって大きくかわり、快晴日に１日10回以上かん水しても、翌日が雨天の場合は１日１～２回程度のかん水になることもよくある。かん水バルブを手動開閉するかん水方法では、日射量に応じた頻繁なかん水はまずできないので、電磁弁による給液管の開閉が欠かせない。とくに、１株当たりの含水量が必然的に少なくなる少量培土では、給液と蒸散のずれによって水分変化が大きくなりやすい。そのため、土壌水分の大きな変化による生育への悪影響を避けるため、これまでは培養土量を増やすことでも対応されていた。

しかし、総コストに対する培養土の割合が高いうえ、培養土量を多くすると必然的に重くなり、それを支える架台の構造も丈夫なものにする必要があり、培養土だけでなく架台のコストも高くなる。

イチゴの蒸散量に応じたかん水システムを導入すれば、少量の培土でも安定した土壌水分を維持することができ、安定した生育と収量が実現できる。しかも、資材費用の低コスト化にもなる。

ムラのない点滴かん水のための配管とポンプの設置

・必要な水量と点滴かん水施設の設置手順

基本的に１日に必要な水量は、０・６ℓ／株×株数として計算する（実際には安全を見込んで０・８ℓ／株で計算して設置）。ただし、この供給量は24時間にやるのではなく、昼間の８時間に供給することが前提になる。給液量にともなう配管や電磁弁の取り付け数、さらに大本のポンプ仕様や貯水タンクの容量を決定するには、末端の点滴チューブ仕様から逆算して決めることになる（図３－３）。

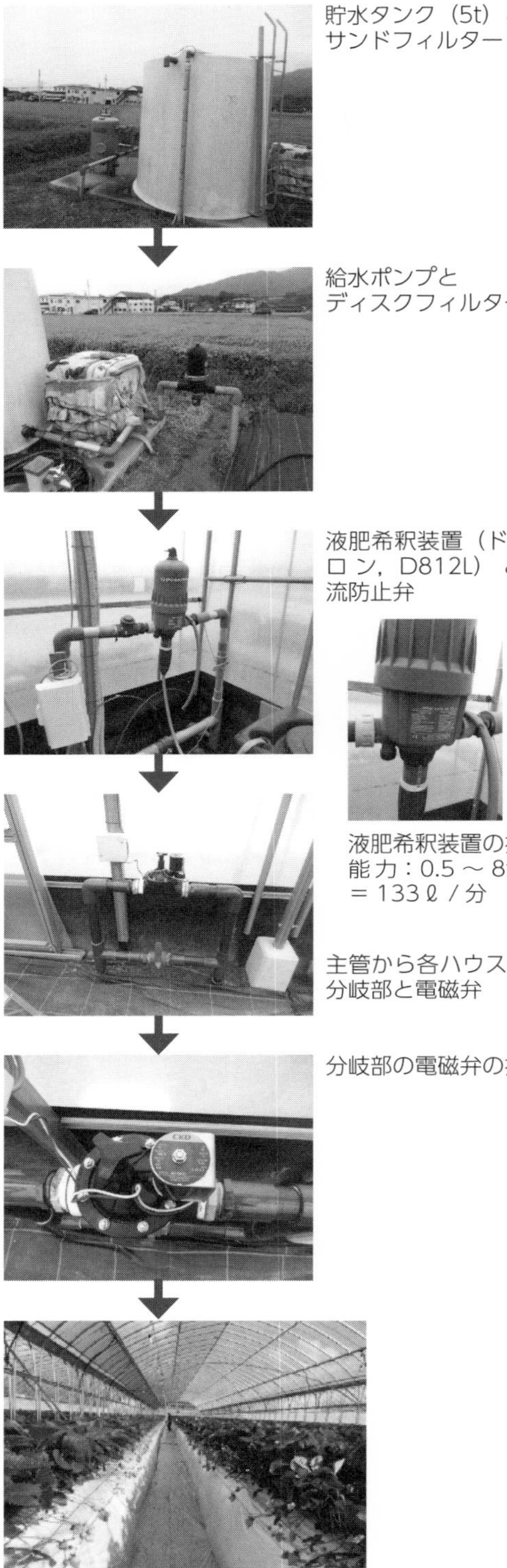

貯水タンク（5t）とサンドフィルター

給水ポンプとディスクフィルター

液肥希釈装置（ドサトロン，D812L）と逆流防止弁

液肥希釈装置の拡大
能力：0.5 ～ 8t/ 時
＝ 133ℓ / 分

主管から各ハウスへの分岐部と電磁弁

分岐部の電磁弁の拡大

図 3-2　2,000m² 規模のイチゴハウスのかん水設備の設置例

点滴チューブの適正水圧や吐出量などの仕様は、商品の箱などに記載されているので、それに合っているか必ず確認しておく。

給液管が長くなるほど圧力の損失が大きくなるので、連棟の場合は、基本的に1棟ごとに制御する。

給液量はポンプの能力（吐出量）によって決まるので、あらかじめ使用する点滴チューブの仕様にそった、適正な圧力条件での給液量を計算し、それにもとづいたポンプ能力を決定する。

点滴チューブには、数m程度の高低差があっても均一さを保つことができるものや、ドリップ間隔が5〜30cm程度まで多くの種類がある。

高設栽培では、勾配がない条件での使用が前提になる。また、点滴チューブの種類には関係なく、ドリップの詰まりが発生することを考慮して、ドリップの間隔は10cmとし、植付けるイチゴの条数に合わせて、2条植えの場合には点滴チューブも2条設置する。

点滴チューブの末端に、低圧時には弁が開いて余剰水を排出できる、フラッシュバルブを取り付けておくと、詰まりの発生を抑えることができる（図3－4）。

架台の長さや条数（2条植えの場合には2条）から、使用する点滴チューブの長さを決定したあと、点滴チューブに適合した水圧条件での必要な給液量を計算する。そして、ハウス1棟分に必要な給液量を合計し、その水量がポンプの吐出能力を十分下回ることを確認する。

一度に施用する水量の決定
点滴チューブの吐出特性
1棟当たりに配置する点滴チューブの長さ

↓

液肥希釈装置の仕様の決定
一度に流す水量に応じた機種の選定

↓

ポンプ吐出量の決定
水量に応じたポンプの選定

↓

貯水タンクの規模決定
使用水量：最大の使用量　0.8ℓ／株
昼間の8時間に確保すべき水量：株数で積算

図3-3　かん水設備設置にあたっての整理

・使用する水源：できれば地下水が望ましい
・井戸水を利用する場合は，一度に使う水量が確保できるかの確認が欠かせない。確保できない場合は貯水タンクを準備する
・使用水量は安全を見込んで0.8ℓ／株で計算

図3-4　フラッシュバルブと設置状況

かん水始めや終了後，配管内の水圧が低いときに末端を開放し，水圧が一定になるまでや，チューブ内の水圧が低くなったときにチューブ内の養水分を抜く。末端の詰まり防止にも有効である

・給液量が不足する場合の対策

もし、必要な給液量に対して点滴チューブからの吐出量が不足する場合は、系列当たりの給液量をポンプ吐出能力を下回る量に低減するため、電磁弁で制御する系列を増やして、たとえば1棟内の配管を2系列以上にする。その分、1棟内の電磁弁の数を増やすことになる。

給液能力の大きなポンプに交換することでも対応できるが、大きなポンプになればなるほど導入コストは大きくなる。給液能力の大きなポンプに交換するより、電磁弁の数を増やして、制御する系列数を増やすほうが低コストになる。

給液ポンプからハウス全体に主配管を設置し、それからハウスの棟（配管の系列）ごとに給液管を分岐し、電磁弁を取り付け、そこから架台ごとに給液管を配置する。

・給液量を均一にする配管の工夫

架台ごとにかん水量をできるだけ均一にするために、かん水設備の施工では、できるだけ圧力の差が生じないよう配管をすることが重要である。

給液用の配管は、距離が長くなるほど圧力損失によって給液量が少なくなり、ムラの少ない給液の実現がむずかしくなるので、電磁弁から

架台までの長さの差ができるだけ小さくなるように配管する。

一般的には、ポンプから主配管、電磁弁、架台の立ち上げ部分までを40㎜の塩ビパイプで接続し、架台への立ち上げには20㎜の塩ビパイプを使う。また、架台ごとに給液量が調節できる開閉バルブを取り付けておく。

点滴チューブまでの配管の大きさは、配管内の圧力損失をできるだけ少なくするため、末端まで大きな口径のパイプを使う。

設置したあと、点滴チューブへの水圧を確認、調整するため、点滴チューブの出口に水圧計を取り付けて水圧を測定し、点滴チューブの仕様に合った適正水圧を保つようにコックを開閉する（図3－5）。

水圧を調整しても流量には差がみられるので、均一な流量を確保するためには、配管に外付けできる流量計を使って架台ごとの流量をチェックし、バルブで微調整する（図3－6）。

・液肥混入器、フィルターの仕様

一般的には、給水量に応じて一定割合で液肥を吸引する器材が使われている場合が多い。液肥を施用するためには、液肥希釈装置やベンチュリー管を使った施用器がある（図3－7）。

流量制御方式では、混入器の大きさは通水量によって機種がちがうので、最大の通水量によって混入器の仕様を決定する。

また、ベンチュリー管を使う場合は、1回に施用する液肥をあらかじめ準備しておき、かん水時間内に吸入を終わるようにする。

点滴チューブのドリップ部分はゴミなどで目詰まりしやすいので、配管の水口には120メッシュ以上のフィルターを取り付けておき、頻繁にフィルターの清掃を行なうようにする。

・望ましい給水ポンプ

電磁弁の開閉で直接制御するより、圧力タン

接続している点滴チューブを取り外して，水圧計に接続して通常の通水をする

この点滴チューブの適正水圧である0.06MPaを維持（点滴チューブの種類によって適正水圧が異なることがある）

図3-5　水圧計を使って点滴チューブ設置後に適正な水圧を確認する
上下多段架台の場合には同じ架台でも上段と下段で水圧に大きな差がみられる
適正水圧状態での点滴チューブの膨らみ程度を確認する

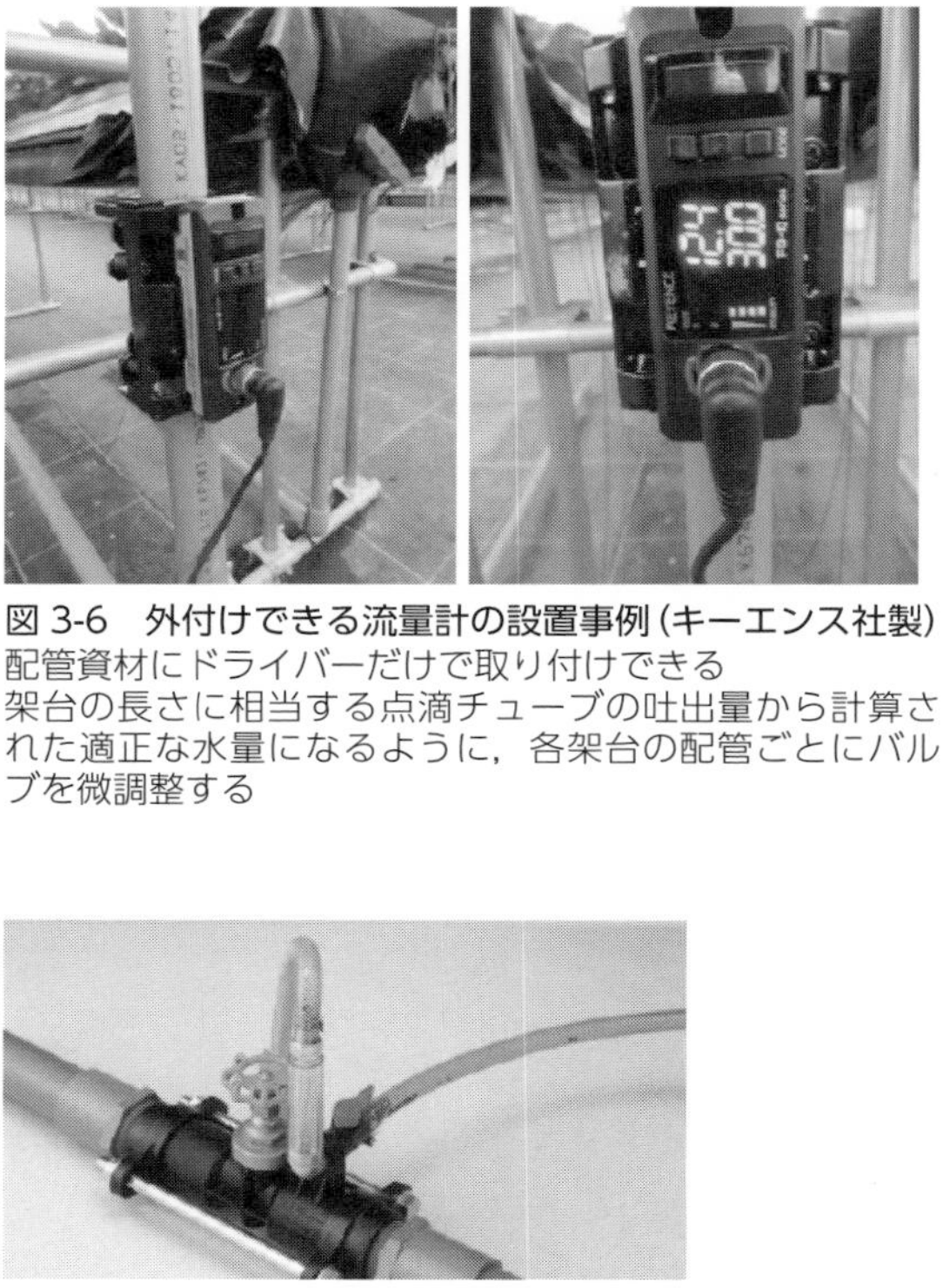

図3-6　外付けできる流量計の設置事例（キーエンス社製）
配管資材にドライバーだけで取り付けできる
架台の長さに相当する点滴チューブの吐出量から計算された適正な水量になるように，各架台の配管ごとにバルブを微調整する

図3-7　ベンチュリー管を利用した液肥混入器

クを備えた給水ポンプが望ましい。圧力タンクを使うことで、ポンプの開閉回数が少なくなり、一定の水圧を維持することができる。

一般的に点滴チューブの適正な圧力はかなり低いので、減圧弁も備えておいたほうがよい。

原水にもよるが、水源からポンプのあいだにサンドフィルターなどを介することで、詰まりが起こりにくくなり、メンテナンスが容易になる。

栽培槽には防草シートも利用できる

発泡スチロールのような固形栽培槽ではなく、シート状栽培槽の利用も多い（図3－8）。シート状の栽培槽には、経年劣化が激しいものや、シートの目詰まりが発生して排水不良を引きおこすような例もみられる。イチゴでは、栽培槽内の土壌水分が多すぎて加湿状態になれば、生育の停滞を引きおこしやすくなる。栽培槽の資材には、多めのかん水になっても、栽培槽内が過湿状態にならない、透水性に優れたシートを選定する。

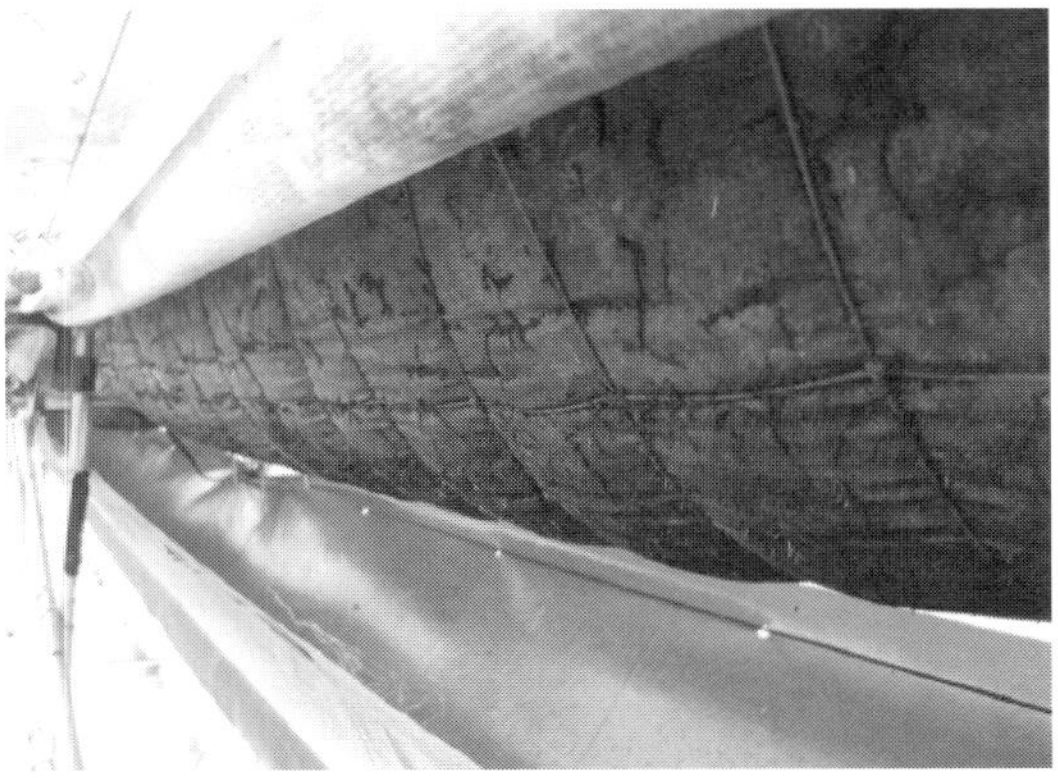

図 3-8　透水・透根シートを使った低コストな栽培槽の下面
不織布製の栽培槽をフラワーネットで支え，培養土を充填。栽培槽の下には余剰水集水用のシートを設置

雑草発生を抑えるために一般に使われている防草シートは、比較的安価で栽培槽用の資材としても十分使え、耐用年数も長い。

栽培槽底面に敷く不織布の効果は？

栽培槽の水分含量を確保するために、底面に吸水用シートとして薄い不織布を敷いている例もある。ただし、この吸水シートに含まれる水分量は、その容積以上に含むことはない。かりに幅5㎝、厚さ3㎜とすれば、容積として1株当たり15cc程度とごくわずかで、土壌水分の確保のためには大きな効果は期待できない。

重量の100倍以上の給水能力をもつ高分子化合物が、砂漠地帯での保水性を維持するための資材として使われることがあるが、いったん吸水するとため込んでしまうので結果的に過湿になりやすく、イチゴ栽培では生育不良が発生しやすいので、使わないほうがよい。

点滴チューブ下面への不織布設置の効果は？

点滴穴からでてくる水の土壌中への浸透は、垂直方向が主で水平方向への浸透は少ないと考えて、水平方向へ浸透させようと、点滴チューブの下に幅10㎝程度の不織布を設置する例もみられる。

しかし不織布を設置した場合、その下の培養土表層部分の乾燥防止の効果はあるが、ドリップ部からでてきた水のほとんどは重力により垂直方向へ浸透し、イメージしている水平方向への浸透はまず期待できない。

こうした資材を使わなくても、点滴方式でかん水すれば、地表下では水平方向へも十分な量の水が浸透している。

点滴チューブの配置

点滴チューブは、外なり2条植えの場合は、植付けた株の内側の中央部に間隔をあけて2条に配置し、点滴穴が千鳥状態になるように取り付ける。

栽培槽の幅が30㎝程度であれば、条間は15㎝程度になる。そのため、植付けた外側に点滴チューブを配置すると、点滴チューブから下方への横浸透が架台中央部では不十分になる。それだけでなく、生育期後半になると生育が旺盛になり、クラウン部がチューブに乗り上げてしまい、スムーズな給液が阻害されることになる。したがって、外側への配置は避ける。

2 土壌診断と施肥設計

高設栽培での施肥設計の基本

・カリやマグネシウムを重視する

高設栽培イチゴでは、生育期後半に吸収量の多いカリ（K）やマグネシウム（Mg、苦土）を重視した施肥設計をたてる。

なお、施肥設計の基本や養分吸収量の試算を表3－1、元肥の施肥設計例を表3－2に示した。

・前作で吸収や流亡した量を補うという考え方で設計する

実際の施肥設計では、前作でイチゴが吸収した分（果実だけでなく、葉や根部などを含めて）や、余剰水に含まれて流亡した肥料の成分量を補うという考え方を重視する。前作終了後、すみやかに分析用土壌の採取を行ない、専門の分析機関に委託し、その結果にもとづいて施肥設計をする。

分析機関では、土壌の分析結果とともに適正な値を表示し、各要素の過不足を数字で示し、肥料の種類や施肥量を指示してくれることが多

表 3-1　施肥設計の基本と養分吸収量の試算例

施肥設計の基本例（1 株当たりの成分量）

	施用量（g/ 株）	おもな施用法
窒素（N）	3.5	元肥（速効性＋緩行性＋肥効調節型肥料），追肥
リン酸（P_2O_5）	3.5	元肥中心
カリ（K_2O）	8.8	元肥（速効性＋緩行性＋肥効調節型肥料），追肥
マグネシウム（MgO）	1.1	元肥
カルシウム（CaO）	1.1	元肥

注）1. 培養土量：3ℓ / 株　　2. 固形肥料を主として施用

地床栽培での地上部の養分吸収量の試算例（kg/10a）

収量	窒素（N）	リン酸（P_2O_5）	カリ（K_2O）	カルシウム（CaO）	マグネシウム（MgO）
5t	15 ～ 20	8 ～ 10	25 ～ 30	8	8

高設栽培での株当たり養分吸収量の試算例（g/ 株，7,000 株 /10a として計算）

収量	窒素（N）	リン酸（P_2O_5）	カリ（K_2O）	カルシウム（CaO）	マグネシウム（MgO）
5t	2.1 ～ 2.9	1.1 ～ 1.4	3.6 ～ 4.3	1.1	1.1

土壌分析結果を利用する場合の注意点：土壌分析結果は，一般的には乾燥した土（mg/ 乾土 100g）で表現している。容量で計算する場合には，仮比重を 0.3 ～ 0.5 程度として計算（1ℓ≒ 300 ～ 500g）

表 3-2　元肥の施肥設計例（1 株当たり）

肥料名（成分割合）	施用量（g/ 株）	成分量（g/ 株）			
		窒素（N）	リン酸（P_2O_5）	カリ（K_2O）	マグネシウム（MgO）
CDUS555（15-15-15）	7.3	1.1	1.1	1.1	
LP コート 140（41-0-0）	7.0	2.87			
BM 苦土（0-35-0-Mg5）	7.0		2.45		0.35
硫酸カリコート（0-0-40）	13.0			5.2	
ケイ酸カリ（0-0-20）	12.5			2.5	
硫酸マグネシウム（Mg25）	1.9				0.48
成分量合計		4.0	3.5	8.8	0.8

注）培養土量：3ℓ / 株，品種：促成栽培用品種

い。

ただ、この数値は参考程度としてとらえておく。それより大事なことは、年次による変化を重視することである。そして、もし減少傾向にある成分があれば徐々に増やし、過多になっている成分は徐々に減らすようにする。

・分析値の容量換算を忘れない

分析値の数値は、土の乾物（乾いた土）100g当たりであらわす場合が多い。しかし、実際に施用する場合は、培養土の容積当たりで計算することに注意する必要がある。

高設栽培で使う培養土は、乾いた土100g当たりの容量が200～250cc程度のことが多いので、それを目安に、分析値である乾土当たりの数値を、容量当たりの数値として読み替える必要がある。

地床栽培とはちがう土壌診断の採土と分析方法

・採土方法のちがい

土壌診断のための培養土の採土方法は、地床栽培と高設栽培では大きくちがう。

地床栽培では、毎年うねを立てる前にハウス全体の土壌が十分撹拌されているため、比較的均一化していて、場所によるバラツキが少ない。そのため、数カ所で採集した培養土を混合して分析し、圃場全体の代表値としてとらえても大きな問題はない。

具体的には、圃場全体から距離間隔が同程度になる数カ所を選定し、表層土を除いて10cm程度の深さまでの土を200～300cc程度採取し、乾かしたあとそれらを混合した状態で検査機関へ提出して測定してもらう。

根圏全体から培養土を採集して分析すれば理想的であるが、地床栽培では莫大な量になることや、そもそも根圏の領域（深さ）が明らかではない。実際に採土する場合は代表的な場所を選んで、一定の深さから採土せざるをえない。

これに対して高設栽培では、いったん設置すれば、栽培床全体の土壌を撹拌することがないので、場所によるバラツキが大きくなる。そのため、地床栽培のような採土方法は適当ではない。一方、根圏が栽培槽の内側に限定されているので、根圏全体から培養土を採取することが比較的容易にできる。

具体的には、あらかじめ測定したい場所の培養土を、架台の長方向50cm程度の範囲内で表層から底部まで全体を撹拌し、1カ所当たり200～300cc程度採集する（図3−9）。この方法で、1000m^2（300坪）程度の栽培面積の場合、少なくとも5カ所以上から採土する。場所によって培養土の使用年数や種類がちがう場合は、意識してそれぞれの培養土から採土する。

・分析は採土した場所ごとに行なうことに意味がある

地床栽培では、全体が均一な状態になっていることを前提としているので、採取した数カ所の土を一つに混合して分析にだすのが一般的で、費用も一つ分ですむ。しかし、高設栽培では分析費用はかかるが、採土した土は混合しないで、採土した場所ごとに分析する。

高設栽培では、栽培が始まると、それ以降は圃場全体の培養土が均等に撹拌されることがないので、採取した場所によって分析値は大きく

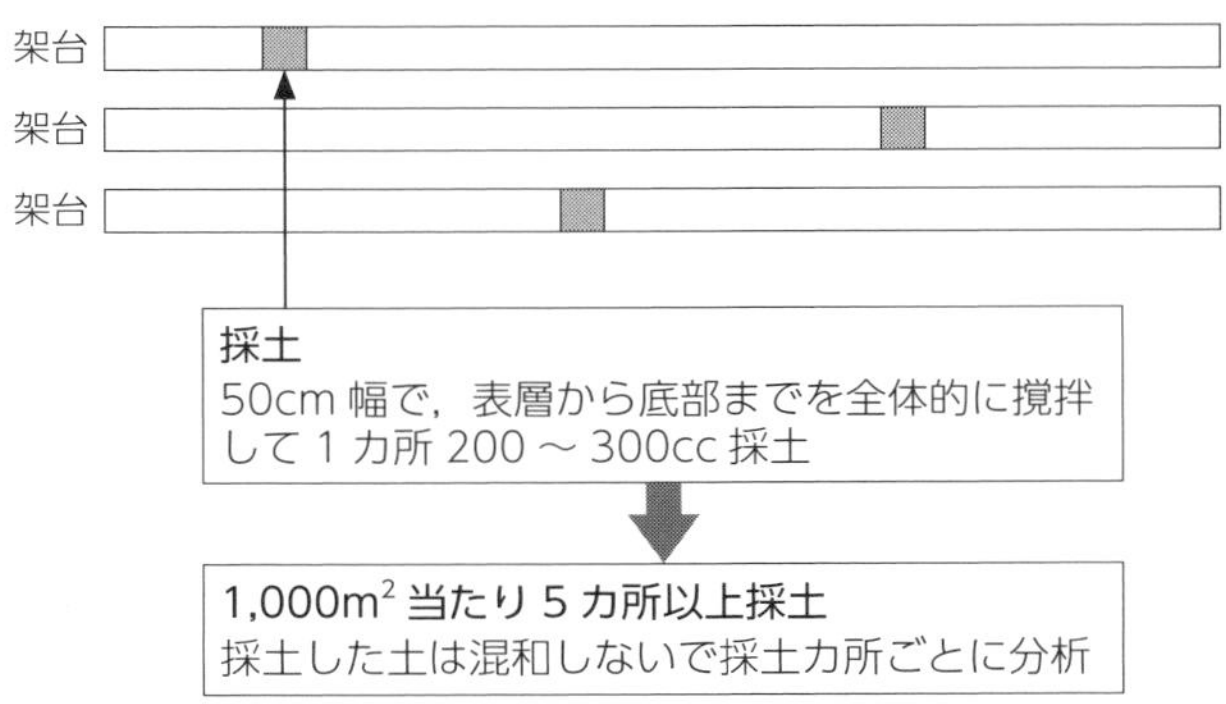
架台
架台
架台
採土
50cm 幅で，表層から底部までを全体的に撹拌して 1 カ所 200 ～ 300cc 採土
1,000m² 当たり 5 カ所以上採土
採土した土は混和しないで採土カ所ごとに分析

図 3-9　高設栽培での採土手順

ちがうことが多い。そのため、それぞれ分析し、分析結果にもとづいて、それぞれの場所の施肥に反映させる。

　地床栽培とちがい、高設栽培では架台ごとに施肥ができるので、分析値を施肥量に反映させることが容易かつ的確にできる。

元肥は固形肥料を主体にする

　第2章5項「苗の肥培管理」でも解説したように、肥料は固形肥料を主体に使いたい。

　施肥時期は定植時期から逆算して決定し、固形肥料を施用する場合は、定植のほぼ1週間前に施用する。

　ただし、高温期の施肥になるので、肥料の溶出や無機化が早くすすむ。そのため、同じ施肥量でも、定植までの温度で溶出程度が大きくちがい、設計したとおりの効果が期待できなくなる。施肥量だけでなく施肥時期の気温も重要になる。

　固形肥料には、水で溶けだしたり微生物による分解で溶けだすものや、肥料の表面のコーティングによって溶けだす量が調整される、などの種類がある。こうした、肥料の溶けだし方の特性に合わせた施肥時期や施肥量の検討も必要になる。

生育後半も固形肥料を主体に

　イチゴは肥効が切れると極端に生育量が低下し、それが収量に直結するので、収穫末期まで肥効を維持することが不可欠である。

　促成栽培では、生育後半の春になると温度が高くなるので、生育が旺盛になって吸肥量が多くなる。そのため、液肥だけでは追いつかなくなりやすく、固形肥料の施用も必要になる。

　具体的な施肥方法は第5章7項「肥培管理」を参照。

3 本圃の準備

効率的に培養土を充填するには

　栽培槽への培養土の充填は、定植の1週間くらい前までにすませる。

　培養土量は意外に大量になる。フレコン（容量1m^3）を使って圃場の近くに搬入したあと、一輪車などでハウス内の架台まで運搬し、そこから栽培槽内へ手作業で充填することが多い。

　しかし、この方法ではハウス内への搬入のために、培養土をフレコンから小分けする必要があり、それだけ充填作業に手間と時間がかかる。

　栽培槽への移動・充填を考えれば、あらかじめ容量が40～50ℓ程度の袋にはいった状態で圃

図 3-10　栽培槽への培養土充填作業
培養土は 40 ～ 50ℓ程度の小袋にはいっていると作業しやすい
栽培槽への培養土充填補助器具に培養土をいれ，転がすと一定量充填できる

場に搬入すれば、そのままの状態でハウス内に運搬できるので、小分けする手間が省ける。

高設架台を設置した1年目は、大量の培養土を栽培槽に充填しなくてはならない。大量の培養土を高さ90cm程度の栽培槽に充填する作業は、栽培槽の幅が狭いこともあって、たいへんな労力と手間がかかる。

生産者のなかには、充填補助器材を自作して、袋入り培養土の運搬や充填作業を効率的に行なっている方がおられるので、参考にしてほしい（図3－10）。

培養土の充填量と施肥

培養土の充填量は、栽培槽の上面より1～2cm低くなる程度にとどめておく。最初から縁面まで充填すると、定植するときに栽培槽から培養土がこぼれやすくなり、定植後にこぼれた培養土を集めてもどすよけいな手間がかかる。

1年目は、培養土のすべてを充填することになる。3分の2程度充填したあと、その上から施肥し、その後、残りの培養土を充填してもよい。この場合、撹拌する必要はない。

所定の施肥量を混和した培養土を購入すれば、充填後の施肥作業は省略できる。ただし、培養土のコストに反映することになる。

充填したら植穴を掘るが、一度に5株程度の植穴をあけることができる器具や植穴掘り器具も工夫されている（図3－11）。

複数の植穴を一度にあけることができる

図 3-11　植穴をあける器具の例

2年目以降の培養土の管理

2年目以降は、培養土が目減りした分を補充することになる。補充後、肥料の残留量を考慮して計算した固形肥料を施用し、培養土を撹拌する。2年目以降になると培養土が硬くなっていたり、株の残渣が残っているため、床面を撹拌して均一にする作業にかなり時間がかかる。しかし、高設栽培専用の耕耘機が開発されているので、それを使えば比較的容易に作業ができる。

専用耕耘機は、栽培架台の両側の直管に車輪をのせて、耕耘しながら架台上を人力で移動する方式が多い（図3－12）。架台の幅に合わせて耕耘幅が調整できる機種もある。

培養土が乾燥して硬くなっている場合は、耕耘機のロータリーが硬い培養土に当たった反動で飛び上がり、作業中にケガをする心配がある。耕耘前にあらかじめ適度な水分を含んだ状態にしておき、耕耘機をしっかり押さえながら作業する。なお、耕耘時にでてくる大きな根株

架台の両側の直管に車輪をのせて移動

培養土の耕耘

施肥後の培養土撹拌・粗起こし

図 3-12　高設栽培用耕耘機の例
硬い培養土ではロータリーが跳ね返り，ケガをすることがあるので取り扱いには十分注意する

図3-13　市販されているイチゴ株の掘上げ器具の例
インパクトドライバーに装着して使用する。左：タキゲン製造株式会社，右：土牛産業株式会社（根こそぎソケット）

は、そのつど取り除く。

そのほか、電動ドリルやインパクトドライバーと簡単な器具を使って、株の残渣を簡単に掘り上げ、除去することができる方法もある（図3－13）。この方法であれば、残渣処理だけでなく植穴をあけることもできる。

高設栽培では土壌消毒は不要

高設栽培では、たまった水を使用したり、かん水後の余剰水を循環させないため、水による病気の伝播・蔓延は考えにくい。

土壌消毒は、地床栽培では通路を含めた本圃全体に行なうことが必要であるが、高設栽培では床面積の2～3割程度の栽培面積だけになるので、手間やコストがかからない。これが高設栽培の大きな利点にもなっている。

しかし、架台が空中に浮いているので、燻蒸ガスによる土壌殺菌は栽培槽下面からの散逸が大きいので、フィルムなどで架台全体を覆っても、十分な効果は期待できない。

もし前作で病気の兆候がみられたら、その部分の土壌を全量交換することで対応する。こうすれば、土壌消毒による手間やコストが削減できるだけでなく、高温処理や燻蒸ガスによるハウス内の機器の劣化も防げる。

かん水用点滴チューブの設置時期、ピッチ間隔、詰まり対策

架台の上にかん水用点滴チューブを設置した状態では、培養土の充填や定植などの作業の邪魔になり、効率が落ちる。点滴チューブは、これらの作業が終わるまで架台から下に外しておき、定植後すみやかに設置する。

点滴チューブは、昼夜などの温度差による伸縮によって、折れ曲がることがある。それを防ぐため、末端に十分なテンションをかけて設置する。とくに、軟質チューブ製は伸縮の度合いが大きい。

株間は20cm程度が一般的であるが、点滴チューブのピッチ間隔は、株間の半分の10cm程度とする。点滴チューブの質や厚さにかかわらず、穴の詰まりは必ずおこると考えておきたい。もし穴が詰まっても、ピッチ間隔が10cmであれば、隣のドリップ部分からの水で対応できる。同じ理由で2条植えにした場合は、条間が狭くても点滴チューブは2列設置する。

また、点滴チューブの末端にはフラッシュバルブを取り付けておけば、かん水開始時や終了時の水圧が低いときは、チューブ内の余剰水が排液されるので、水温が高くなったりチューブ内での詰まりを予防することができる。

フラッシュバルブは低圧時にはバルブが開放状態になり、ある程度水圧が上がると閉まる構造の器材で、点滴チューブの末端に取り付けることで、点滴チューブ内に残った液が自然に排出される。そのため、施用した液体肥料が、点滴チューブ内に残存することがほとんどなくなるので、ドリップ部分の詰まりも少なくなる。

4 定植方法のポイント

2条植えがおすすめ

1条植えと2条植えがあるが、架台を共用す

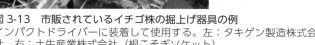

ることになるので、コスト面からは2条植えのほうが1株当たりの資材費が安価になる。しかし、ハウスの向きや大きさによって、谷間やサイドでの収穫作業が両側からできない場合は、1条植えにすることもある。

他の作物を栽培した幅1mくらいのベンチを再利用した、4条植えの例もあるが、既存の施設を利用するのでコストは安価になっても、架台中央部の株の管理に手間がかかり、収穫もしにくいので、できるだけ2条植えができるように架台を工夫する。

降雨中でも定植が可能

高設栽培の大きな利点は、毎年の定植前のうねづくりなどが不要になることである。

また、地床栽培では、定植時期を厳守しようと、降雨などで本圃の土壌が湿りすぎているときに無理に定植すると、活着やその後の生育や収量に悪影響がでる。この悪影響は収穫終わりまでつづく。定植を計画どおりすすめるにはハウスへの雨よけ被覆が必要で、できない場合は土壌中の余剰な水分が抜けるまで定植を遅らせることになり、結果的に収量が低下する。

これに対して高設栽培の培養土は、排水性を重視して選定しているので、降雨中でも培養土に滞水することがなく、あつかいやすい状態が維持できる。したがって、天候に左右されず予定した日に定植作業ができる。

株間は目標にする草勢でかわる

適正な株間とは、収量が最も多くなる株間であるが、厳寒期にどの程度の草勢を目標にするかでかわってくる。たとえば同じ品種でも、草勢を旺盛にさせるために、電照や暖房を積極的に使う場合は株張りが強くなるので、株間は25~28cm程度と広めにする。

しかし、株間が広くなるほど1株当たりの収量は増えるが、25~28cm程度以上に広げても、株当たりの収量は増えない。したがって、これ以上の株間にすると、定植株数が少なくなる分面積当たりの収量は少なくなる。

草勢が旺盛になれば、新しい葉がでてくる出葉速度も速くなるので、スタート時の花芽分化までは同じ内葉数であっても、出蕾・開花時期が早くなり、必然的に収穫時期も早くなる。

収量を上げるためには、旺盛な草勢を維持することが欠かせない。そのために必要な手段が電照であり、11月ころから電照を開始することで、旺盛な生育を維持することができる。

無電照栽培や比較的低温管理の栽培では、草勢がそれほど旺盛にならないので、株間を20cm程度とする。

2条植えでの条間のとり方

2条植えの場合、条間を広くとっても株と架台（栽培槽）の縁との間隔が狭くなるだけなので、条間は栽植密度には影響しない。

条間をできるだけ広くすることによって、株の生育が旺盛になり収量も増える。ただ架台の

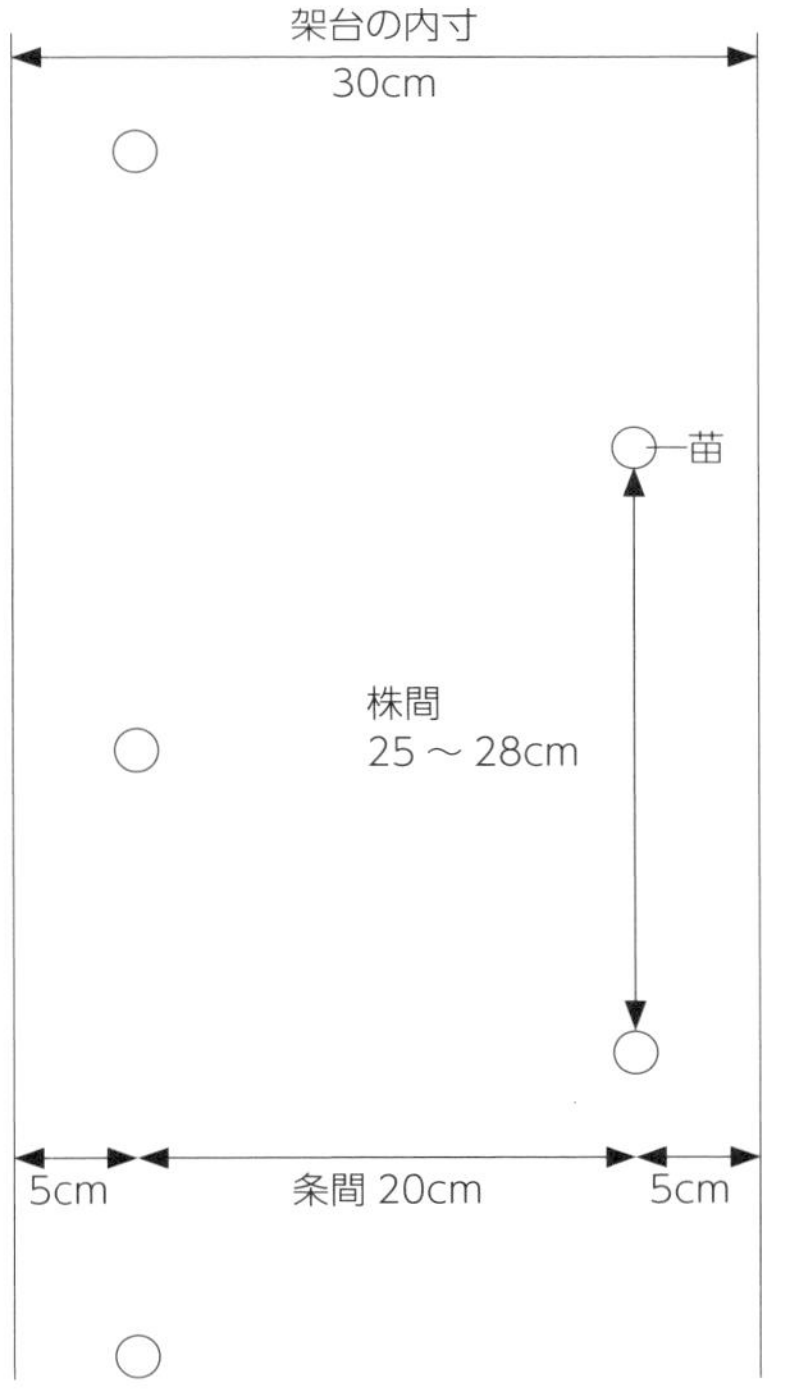

図 3-14　苗の栽植方法（2条植えの場合）
株間 25～28cm は電照や暖房を積極的に行なう場合。苗が小さかったり，無電照，低温管理の場合は株間 20cm 程度と狭くする

幅には制限があり、その範囲内でできるだけ広くとることになる。

一方で、果柄折れを予防するために、苗のクラウン部を架台の縁から５㎝程度離して定植することが必要なので、条間は架台の幅からイチゴの株と架台の縁の長さを差し引いた距離になる。

具体的には、架台の内寸が30㎝の場合には、株と架台の縁をそれぞれ５㎝あけるので、条間は20㎝となる。

なお、２条植えでは、根の競合をより少なくするために、千鳥植えにする（図３－14）。

果房を伸ばしたい方向にクラウン部を傾ける

果房が通路側に向いてそろってでていれば、管理作業や収穫作業は非常にらくになる。しかも、果房が隣や反対側の株元に伸びることによる、着果不良や奇形果の発生を未然に少なくすることができる。

真上からみた花芽の着生位置は、花芽が形成されるまでの葉数が一定ではないことや、同じタイミングで育苗を開始しても花芽分化時期がずれるので、果房は３６０度どの方向に発生してもおかしくはない。

しかし、実際には、発生位置にかかわらず、果房はクラウンが傾いた方向に伸びる性質がある。そのため、果房を伸ばしたい方向にクラウン部を傾けて植付ければ、その方向に果房を伸ばすことができる（図３－15、16）。

従来は、親株からのランナー跡を目印に、ランナー跡が果房を伸ばしたい方向の反対側になるように定植するのが一般的であった。これは、親株からのランナー跡の反対側にクラウンが反っていることが多く、意図的に傾けて植付けなくても、結果的に果房を伸ばしたい方向にクラウンが傾いて植わることになり、果房の方向をある程度そろえることができたのである。ただ、植付けるときランナー跡を確認する手間がかかり、それだけ定植作業に時間がかかっていた。

果房の伸長方向をそろえるには、親株からのランナー跡の位置に関係なく、果房をだしたい方向にクラウン部を傾けて定植すればよいのである。

また、‘エラン’や、‘よつぼし’のような種子繁殖性品種の実生苗は、親株からのランナーは存在しないので、クラウンはまっすぐ立ち上がっている状態で生育しており、ランナー跡を目印に植えることはできない。この場合でも、果房を伸ばしたい方向にクラウン部を45度程度傾けて定植することによって、果房の伸長方向をそろえることができる（図３－17）。

図 3-16　定植時の苗の姿
クラウンが大きく，白根が多い

定植した状態

〈定植のやり方〉
・クラウンの地ぎわ部を架台の縁の高さに合わせる
・クラウンの位置は架台の縁から 5cm の位置に合わせる
・果房をだしたい方向にクラウンを傾けて植える

図 3-15　苗は果房をだしたい方向に傾けて植える

植付けは深すぎず、浅すぎず

・クラウンの芯部の位置に注意して植付ける

植付けの深さは、クラウンの芯部が、土中に埋没しないように注意する。クラウンの芯部が埋没すると、新芽の伸長が阻害されるとともに芽枯れが発生しやすくなる。そうかといって浅植えになると、どうしてもクラウン部の地ぎわ部が乾燥しやすくなり、新しい根の伸長が抑えられる。どうしても浅植えにならざるをえない場合は、定植後新根が架台の培養土中に伸長するまでの2週間程度は、株元が乾かないよう散水方式によるかん水が欠かせない。

定植は、クラウンの地ぎわ部が栽培槽の上端になるよう、深すぎず、浅すぎないよう注意しながら行なう（図3－18、19）。

なお、ポットのなかの苗（クラウン）の位置や深さはまちまちなので、植付けの位置や深さ

実生苗
親株とは無縁なので，まっすぐ上に伸びる

定植した状態
果房の方向をそろえるには，果房をだしたい方向に 45 度くらい傾けて植える

図 3-17　実生苗（種子から育苗）の植え方
品種‘よつぼし’72 穴トレイ育苗，播種 7 月 20 日，定植 9 月 22 日

浅植え
活着とその後の生育が遅れる

クラウンの向きが反対（架台中央方向に傾いている）
果房が架台の中央部に向かって伸長するため，収穫がしにくいだけでなく，果実が株元で成熟するので病気にかかりやすくなる

図 3-18　悪い定植の例

浅植え

深植え

標準植え

浅植えはクラウンからの直根（ゴボウ根）の発生が少ない。深植えは芯部が土に埋もれており，今後芽枯れなどが発生する

根の比較（左から浅植え，深植え，標準植え）

図 3-19　定植時の植え方のちがいと根の伸長状況
10 月 3 日定植，10 月 29 日掘り上げ

ポット苗を植える位置に並べる　　定植後，苗の位置や深さを確認する

図 3-21　定植の様子

図 3-20　定植位置の基準はポットではなくクラウンの位置にする
写真のようにクラウンの位置や深さはポットごとにちがう。そのため，ポットの位置を基準に植付け位置を決めると，クラウンの位置や深さがバラバラになってそろわない

は、ポットではなくクラウンの位置を意識して行なう（図3－20）。

・大人数で定植するときは作業後に深さや傾きを調整

定植作業は時間がかかるので、短時間ですませるため大人数で作業することが多く、慣れていないと、植付けの深さやクラウン部の傾きの方向などが徹底しないことが多い。といって、慣れていない人に植付け方法を徹底するには時間がかかるし、徹底したとしても個人的なバラツキは避けられない。

効率的に作業をすすめるためには、植付けが終わった翌日くらいまでに、熟練者がそれぞれの株元を確認して、適正な深さや傾きを調整するとよい（図3－21）。こうすれば、慣れていない人が多くても、スムーズに短時間で植付け作業を終えることができる。

・地床苗を植付けるときの注意

育苗床に子苗を直接植付ける地床育苗では、ポット苗とちがい苗を掘り上げるときに根がバラバラになる。苗の根が絡まった状態で植付けると、根が培養土に密着しないので、新根の発生が抑えられ、活着に時間がかかるだけでなく根の生育に悪影響がでる。それを防ぐため、地床苗では植穴の底を鞍状にして、できるだけ根部を広げて培養土に密着するように植付ける。

現在ではほとんどがポット苗を利用するようになっているが、もし地床苗を利用するときには、このことに注意して植付けるようにする。

定植直後のかん水

定植直後のかん水は、クラウン部やその近くの培養土を常に湿らせることを重視した、葉水を行なう。

なお、植付け後7～10日間のかん水については、第4章1項「培養土の水分管理」を参照のこと。

定植後の遮熱資材展張の可否

定植後の活着促進のために行なう遮熱シートの展張は、温度上昇が抑えられるので、腋果房のスムーズな花芽分化を促す効果もある。しかし、展張期間が長くなると、初期生育が抑制さ

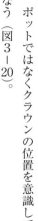

れて頂果房の収穫開始時期が遅れるので、このことも意識して展張する（図3－22）。

効果的な方法は、晴天日の昼間だけ展張して遮熱し、夜間は放射冷却による気温低下を利用するために展張を閉める。もちろん、曇雨天時には昼間でも展張しない。そして、第1次腋果房の花芽分化が確認できしだい遮熱資材を撤去する。

マルチ被覆の時期と注意点

定植後のマルチ被覆は、培養土の保温、雑草抑制、さらに高湿度から果実を保護し、灰色かび病への感染リスクを低減するために必要である。これらの機能を十分に発揮させるためには、黒色マルチが適している。ただし、観光イチゴ園などでは、みためのいい白色が使用されている例が多い。

図 3-22　定植後の遮熱資材の展張

マルチしたあとで定植する例も一部にはあるが、一般的には活着後、新葉が2～3枚程度出現したころに行なわれている。マルチの時期が遅くなると、新葉が旺盛に生育しているので、被覆作業のときに葉柄が折れやすくなり、生育へのダメージが大きくなる。また、出蕾期のマルチ作業は、収量に直接影響する果房を折ってしまうことにもなる。マルチ作業は、遅くとも出蕾前までにすませておく。

熟練した生産者では、栽培床面と架台全面をマルチフィルムで覆ったあとで、株の位置に穴をあけ、苗を引っ張りだす方法がとられている。このとき注意しなくてはならないのは、朝方からの作業では葉柄などが折れやすいので、少し葉柄などが柔らかくなる午後に行なうことである。

作業する人がマルチ作業に慣れていない場合は、マルチフィルムを縦に分割して行なうとよい。2条植えであれば条間1枚、外側2枚にして展張し、株間のあいた部分をステープルなどでふさぐようにする。多少の手間はかかるが、葉柄や果房の折れは防げる。

第4章 定植後の初期管理

1 培養土の水分管理

ビニル被覆前までハウスは開放状態なので、温度管理や炭酸ガス管理の制御はできない。しかし、生育や生産性に直結するかん水管理は、定植直後から制御しなければならない。

かん水管理は高設栽培と地床栽培で基本的にちがう

地床栽培では、供給した水は根圏から下層にいったん流れても、その後、毛管水として上方の根圏へ再度供給される。しかし、高設栽培では、余剰水（排液）として栽培槽の外に流失した水は、再び栽培槽にもどることはないので、必要な水はすべてかん水チューブからの供給になる。

たとえば、かん水チューブからの吐出量は水圧によって大きくちがうが、地床栽培で一般的に使われているかん水チューブは水圧が調整できない。そのため、水圧の高いうねの手前と水圧の低い先端では水の吐出量が大きくちがう。液肥を施用する場合も、施用量は吐出量に比例するので、うねの始め部分と終わり部分で大きな差が生じることになる。しかし、実際の圃場での生育や収量には、養水分の供給量の差があらわれることはない。

それに対して、高設栽培で同じ一般的なかん水チューブを使用すると、架台の位置によって養水分供給に大きな差がでて、その差が生育・収量の明らかなちがいとしてあらわれる（図4－1）。

安定した生育や収量を確保するためには、栽培期間中は、高設栽培、地床栽培とも培養土中の水分量を安定的に維持する必要があることは共通している。しかし、高設栽培は地床栽培とちがい、下層からの養水分の供給が期待できないので、培養土の養水分量はかん水チューブによる給液のみに依存することになる。そのため、給液量の差が、大きな生育・収量差につながる。

これが、高設栽培と地床栽培のかん水管理の基本的なちがいであることを、十分認識しておく必要がある。したがって、高設栽培のかん水管理には、長さ方向のかん水量の均一性が高い点滴チューブを使うことが不可欠である。

それとともに、根圏が限定されているので、含水量も制限されることになる。したがって、土壌水分を安定して維持するためには、蒸散量に対応した根圏へのきめ細かなかん水制御が必要になる。

溢液《いつえき》現象は、吸収した養水分の余剰が、葉の縁にある水孔からでてくる現象で、乾くと含まれているカルシウム成分などが析出《せきしゅつ》して白い斑がみられる（図4－2）。吸水活動の活発な若い葉やガクなどにみられる現象で、古い葉ではほとんどみられない。この現象がみられることは、生育活動が活発な証しである。

生育初期は根圏が限定されているので、土壌水分のムラは生育のムラにつながり、場合によってはチップバーンも発生しやすい。しかし中期以降は、根圏が広がるので、栽培プランターや不織布製栽培槽のように、培養土を数株以上で共有している栽培方式では、１株ごとに独立した培養土方式とちがい、株による管理の影響のちがいは小さくなる。

１株ごとに独立したポットとの生育のちがいは、生育中期以降にあらわれやすくなる。

植付け直後は葉水かん水、5~7日後からは点滴チューブかん水

・植付け直後は散水方式で葉水かん水

植付け直後は、クラウンからの発根を促すために、クラウン部を乾燥させないようにしなければならない。そのためには、植付け後５~７日間程度、スプリンクラーや散水用のチューブを使って、頭上散水方式で葉水かん水とする（図４－３）。

１回１分間程度の葉水かん水を、１日数回行なう。このかん水は土壌を湿らせるのでなく、クラウン部を湿らせ、クラウン基部からの太い新根の発生を促すのが目的である。そのため、

地床栽培

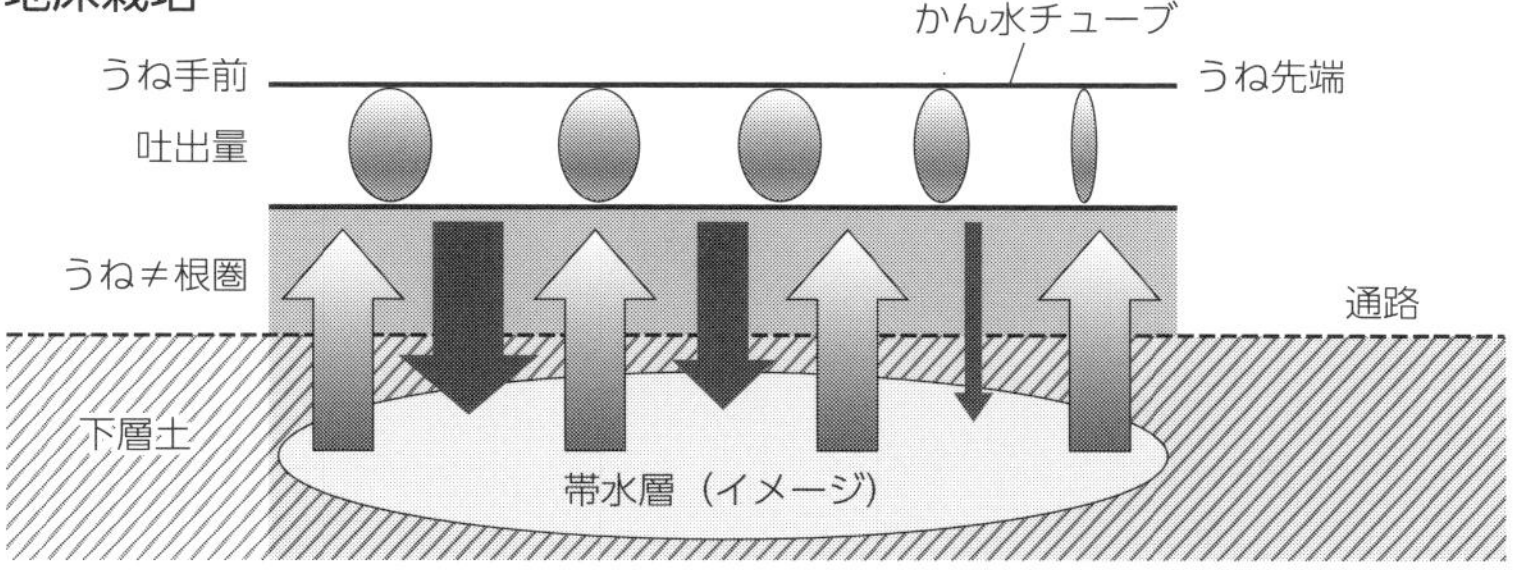

地床栽培では，かん水チューブの吐出量が不均一で，かん水量が大きくちがっても，下層土から根域への水分供給量が多いので，結果的に根域の水分量には大きな差がなくなる。したがって，吐出量が不均一なかん水チューブを使っても生育には大きな差はでにくい

高設栽培　吐出量が不均一な場合

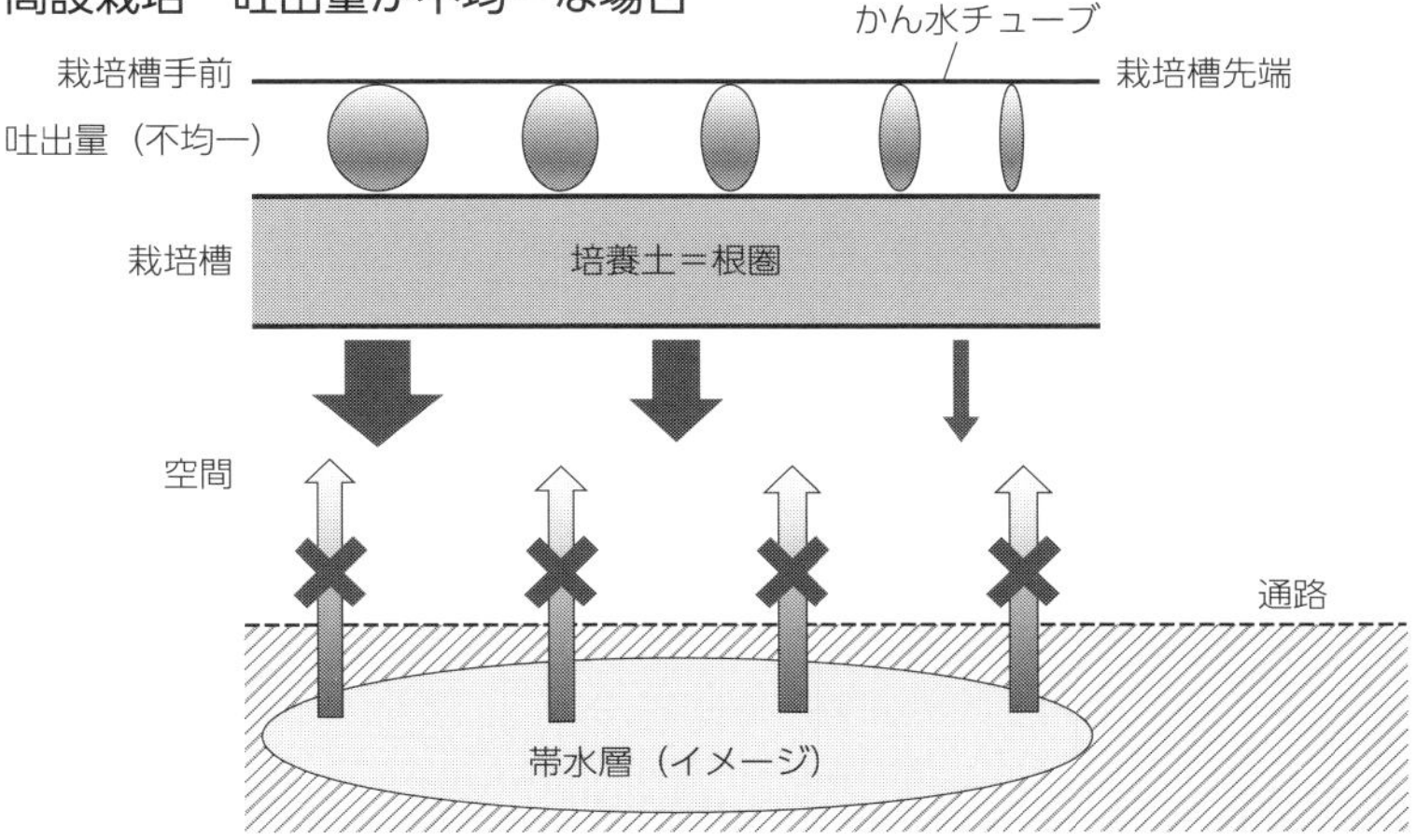

高設栽培では，かん水後の余剰水は栽培槽からでてしまうので，地床栽培のように下層土から根域への水分供給ができないため，根域の水分量は水分の供給量に比例することになる。したがって，吐出量が不均一なかん水チューブでは生育に大きな差が発生する。
高設栽培で均一な生育を実現するためには，吐出量の均一な点滴チューブを使うことが前提になる

高設栽培　吐出量が均一な点滴チューブの場合

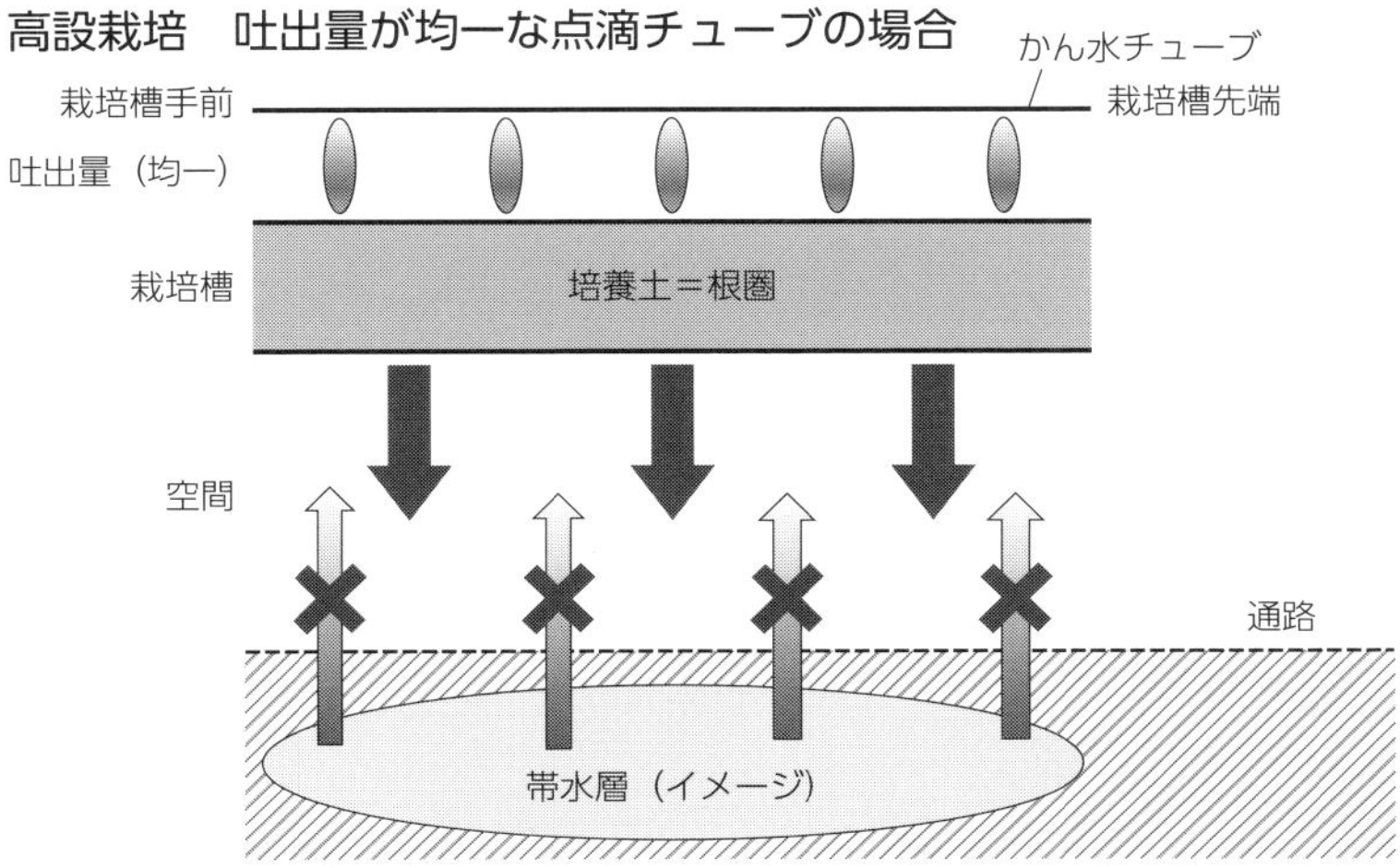

図 4-1　高設栽培と地床栽培のかん水後の水の動き（概念図）

降雨があった日でも、晴天になれば行なう。

・5～7日後からは点滴チューブかん水

活着がスムーズにすすむと、植付け5～7日後から芯葉が勢いよく伸びはじめる。これ以降は、葉上からの散水ではなく、点滴チューブを使って、培養土に水分を供給するかん水管理に切り替える。

点滴チューブかん水のかん水量や時期などは、第5章8項「培養土の水分管理」で詳しく解説しているのでそちらを参照いただきたい。

・初期の発根、発育状況

定植して1～2週間すると、根鉢の外側に5～10cmの新根が多くみえてきて、本圃に施用した肥料への食いつきも旺盛になる（図4－4、5）。

さらに定植後20日ころには、新しい葉が4枚出現しており、花芽分化時期に定植した苗では、もう1枚新葉が出現したあとに蕾がみえるようになる（図4－6）。

点滴チューブかん水は少量多回数が必須

かん水で大切なことは、かん水量が、架台全体に均一になるようにすることである。そのためには、第3章1項「栽培システムの選定と準備」で述べたように、架台は長さ方向で水平にするとともに、少量多回数かん水ができるよう

図 4-2　葉縁からの溢液現象（左）と溢液が乾いたあとの白い斑（右）
イチゴの吸水，吸肥が盛んなことの証し

①定植直後は，根鉢と架台の培養土のすき間を重点に散水する

②定植後から1週間程度までは1日数回葉上散水し，クラウン部を濡らす。土壌中の水分供給ではない

③それ以降は，点滴チューブによるかん水に切り替える

図 4-3　定植後のかん水方法

図 4-5　定植 10 日後の発根状況

図 4-4　定植 5 日後の発根状況

なかん水資材を選ぶ。

　少量多回数かん水すると、1日のかん水量が同じでも、多量少数回かん水より土壌への浸透量が大きくちがう。そして、横方向への浸透が大きくなるので、より広い根圏への水の供給が可能になる（図4－7）。

　また、多量少回数かん水では、横方向への浸透が小さくなるだけでなく、1回のかん水量が多いので、土壌が含むことのできる水分量を上回り、それが重力水としてイチゴに吸収されることなく栽培槽外へ流出する量も多くなるので、かん水のムダになる（図4－8）。

電磁弁制御装置の利用でムラなくかん水―低能力ポンプでも可能

電磁弁の開閉タイミングを個別に制御できるかん水制御装置を使えば、電磁弁ごとにかん水時間を順送りに設定することができる。多くの架台を一度にかん水するより、かん水に要する時間は長くなるが、ポンプの給水能力（吐出量）が小さくても、時間をかけることによって多くの架台にかん水できる。

　かん水用の配管が長くなると、圧力損失によって先端になるほど給液量が少なくなるので、手前と先端部では水圧や水量が大きくちがってくる。しかし、複数の電磁弁を使えば1回にかん水する架台数を少なくできるので、大きな面積でも架台ごとにかん水制御でき、架台間の給水量のムラが小さくなる（図4－9）。

　なお、複数の電磁弁を一体的に制御できるかん水制御装置を使えば、各系統のかん水時間やタイミングを任意に設定できる。

番号は定植後の出葉順位

図 4-6　定植 17 日後の生育状況‘あまえくぼ”（定植：9 月 22 日，撮影 10 月 9 日）

定植後の日数と出葉数から，収穫開始時期を精度高く予測できる
定植後，新しい葉が 4 枚出現しており，もう 1 枚出現後蕾がみえる（花芽分化直後には内葉数が 5 枚）
出葉速度と出蕾日の予測：約 4 日で 1 枚の葉が出現しており，つぎの葉が出現するにはあと 4 日，そして出蕾が確認できる状況になるのは 8 日後（来週後半）と予測される
開花時期の予測：出蕾後 10 ～ 14 日くらいで開花するので，開花時期は今月末ころと予測される

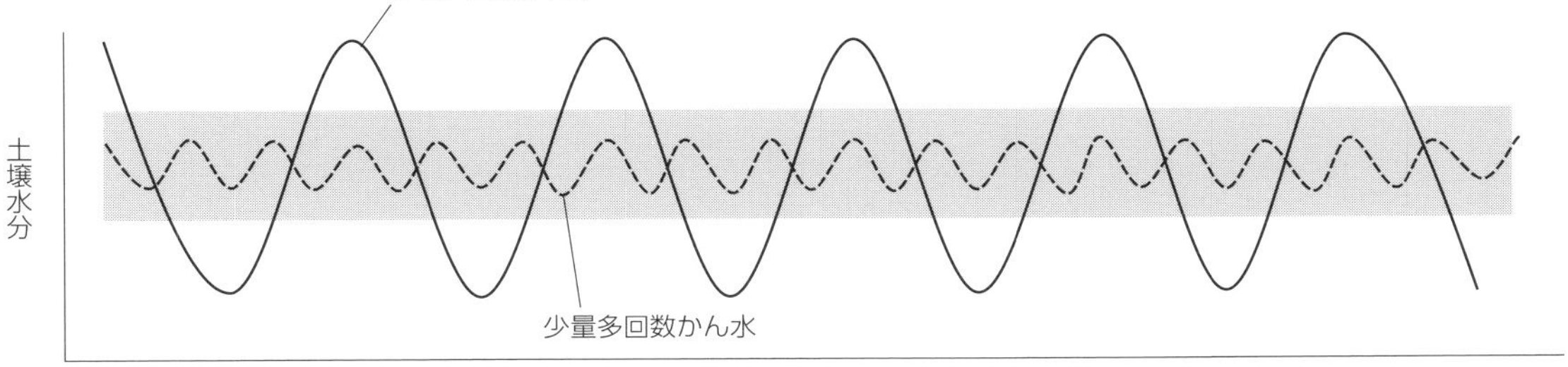

図 4-7　少量多回数かん水と多量少回数かん水による土壌水分含量のちがい（イメージ）

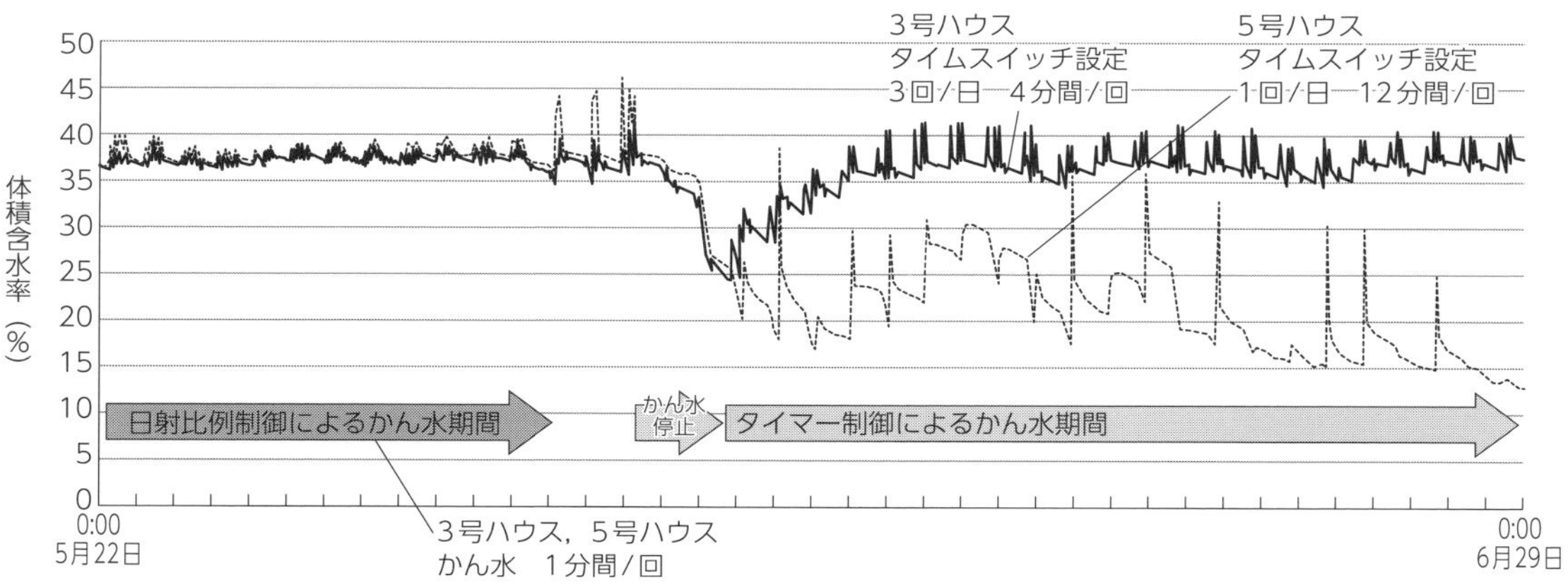

図 4-8　少量多回数かん水（日射比例制御）と多量少回数かん水（タイマー制御）による土壌水分の推移（測定間隔：1 分間）
2020 年 5 月 22 日～6 月 29 日
かん水の日射比例制御では，ムダの少ない安定した土壌水分で推移したが，タイマー制御では，日々の変動が大きく，ムダなかん水もある
日射比例制御では，1 回のかん水時間は 1 分間程度で効率的なかん水ができる
タイマー制御では 1 日のかん水時間が多くなるうえ，土壌水分の変動が大きい

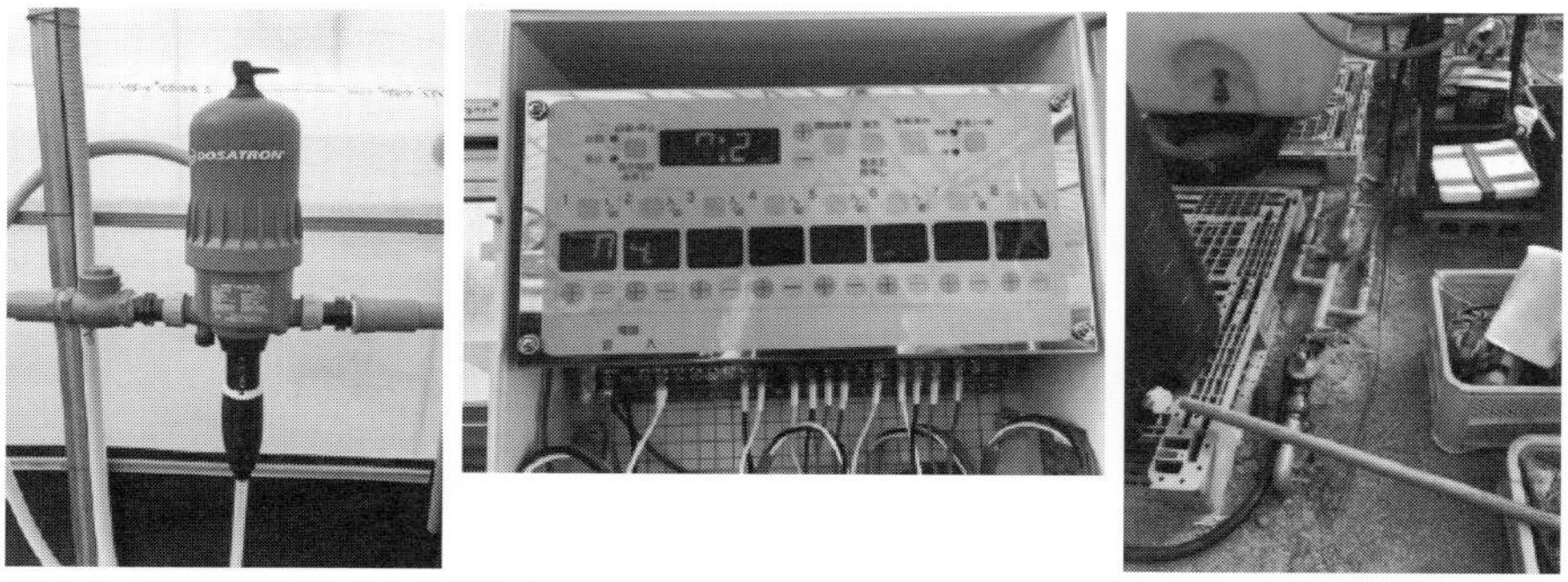

図 4-9　液肥混入機（水流制御方式）（左），電磁弁開閉装置（8 系統）（中），電磁弁を使った配管例（右）

給液ポンプは吐出能力が大きくなると高価になる。しかし、吐出能力が小さくても、電磁弁を増やすことで給液面積をカバーできるので、能力の小さい安価なポンプでも対応でき、その分資材費も少なくてすむ。

さらに、蒸散量に見合った、少量多回数のかん水制御技術が確立できれば、培養土量が少なくても土壌水分含量が安定するので、栽培槽をより小さくすることができ、軽量化も可能になる。

点滴かん水では水圧に注意する

点滴チューブは、一定の水圧条件で均一なかん水量になるように設計されているので、適正な水圧を厳守しなくてはならない。一般的なかん水チューブで使っているような水圧で使用すると、圧力が高すぎてチューブが破裂する例はよくみられる。逆に、点滴チューブの破裂を警戒するあまりに、水圧が低すぎる例も多くみられる。

一定の水量を維持するためには、点滴チューブの元にあるバルブを操作するとともに、かん水用配管の手元に、点滴チューブの仕様に適合した水圧に制御できる減圧弁を設けておくとよい。

2 第1次腋果房の花芽分化促進と肥培管理

第1次腋果房の分化は温度と栄養条件で決まる

中休みのない連続的な収穫を実現するには、頂果房の収穫終盤に第1次腋果房（2番果房）の頂果が収穫できるようなタイミングで、第1次腋果房がでてくることが必要である。そのためには、第1次分枝（腋芽）の葉数が4～5枚程度で、腋芽の生長点に花芽分化を誘導しなければならない。

8月中旬までの日長時間は、一季なりイチゴ品種の花芽分化に不適な、長日条件である。そのため、この時期までに花芽分化を誘導するには、苗の栄養条件や温度条件に加えて、短日条件に遭遇させる夜冷短日処理や低温暗黒処理が不可欠である。

しかし、第1次腋果房の花芽分化時期は10月上中旬なので、日長時間は花芽分化にとっては十分な短日条件になっている。したがって、花芽分化を誘導するのに日長を制御する必要はなく、温度と株の栄養条件の二つを制御すればよい。

10月上中旬までは気温が高く、適度な土壌水分条件であれば施用した肥料の分解がすすみ、窒素肥料の吸収量が増加し生育が旺盛になる。そうすると、どうしても腋果房の花芽分化が遅れ気味になり、結果的に頂果房の収穫が終わっても第1次腋果房の収穫が始まらない、いわゆる果房間の収穫の中休み期間が長くなりやすい。したがって、第1次腋果房の花芽分化をスムーズに行なわせる管理が必要になる。

10月上中旬までは露地状態なので、気温を積極的に低下させることはできない。しかし、育苗床と同様に遮熱資材を上手に使用すれば、相対的に気温を低く制御できる。また、花芽分化に影響する温度の感応部位は、クラウン部分の生長点付近と考えられるので、圃場全体を冷却することなく、クラウン部分だけを冷却することで、ムダの少ない低コストで花芽分化促進ができる。

もう一つの栄養条件の制御では、肥料の吸収を制限しすぎると、頂果房の果数の減少や生育遅延を誘発してしまうので、かん水を極端に抑えるといった、過度な栄養吸収制限処理は避けたほうが収量の低下を抑制できる。

第1次腋果房の花芽分化と頂果房の発育を両立させる施肥設計

第1次腋果房の花芽分化時期までは、ビニル被覆前の露地条件での栽培になるので、積極的な温度制御はむずかしい。

また、植付け後のかん水量を少なくして、窒素の吸肥量を少なくすることも考えられるが、それによる肥効の低下によって、頂果房の収穫開始時期が遅れ、収量も少なくなる。逆に、降雨に遭遇すると、かん水制御の効果がなくなることになる。このように、かん水の制御を継続することはむずかしい。

第1次腋果房の花芽分化と頂果房の発育を両立するためには、肥効調節型の固形肥料を主体にして、速効性の窒素肥料の施用量を抑え気味にした施肥設計をすることである（第3章表3－1、2参照）。

また、定植後の初期の肥効は、やや抑え気味に管理する。そのため、肥効調節型の固形肥料も、初期に溶出の少ないものを選定する。

こうすることで、頂果房への影響をできるだけ少なくして、第1次腋果房の花芽分化を比較的スムーズに誘導できる。

なお、第1次腋果房のつぎに発生する第2次腋果房（3番果房）以降は、腋芽内の花芽分化までの葉数はほぼ3枚前後で、環境に関係なく生理的に連続して花芽分化するので、花芽分化を促すための温度や栄養条件の制御は必要なくなる。

肥効調節型肥料の注意点

最近は、さまざまなタイプの肥効調節型肥料が販売されている。生育期間中に遭遇する地温がわかっていれば、栽培の全期間の溶出特性が細かく設計できる肥料も発売されていて、誠和社の高設栽培システム「いちごステーション」では、シーズンに必要な肥料のほぼ全量を、定植後に施肥することも行なわれている。

ただ、3月以降の生育が旺盛な時期には肥料の吸収量が多くなり、施用した肥料の肥効がそれに追いつかない傾向があるので、肥効が切れないようにするためには追肥が必要になる（この追肥については、第5章7項「肥培管理」参照）。

なお、固形肥料を施用する場合は、マルチに穴をあけて施用することになるが、根の濃度障害を避けるために、施用位置は株間とする。生育中期以降は、根圏が限定されている独立ポット方式を除いて、根圏が広がっているので数株おきに施用しても肥効は期待できる。

クラウン冷却と断根処理による第1次腋果房の花芽分化促進

クラウン温度を下げることと、軽い断根処理を組み合わせることで、頂果房の果数や生育遅延の影響をできるだけ抑えた状態で、第1次腋果房の花芽分化を誘導することができる。クラウンの温度制御については、第5章3項「クラウン温度の制御」参照。

3 ハウスの被覆

ハウスの被覆時期とその判断

ハウスの被覆時期は、気温の推移と、第1次腋果房の花芽分化時期で判断する。

第1次腋果房の花芽分化が確認され、かつ日平均気温が15℃を下回るころには天井フィルムの被覆をすませる。しかし、早い作型では、降雨による受粉の不徹底による不受精果発生を避けるため、頂果房の頂花が咲きはじめるころまでには、温度に関係なく被覆をすませておく。

第1次腋果房の花芽分化を確認するには、定植時に株間に花芽分化確認用の株を植付けておき、花芽分化が予想されるころに3株ほど掘り上げて、花芽分化の有無を検鏡して確認する。検鏡用の株は、定期的に掘り上げて観察できるように10株程度植付けておく。

実際には、先に述べたように、形態的な花芽分化状態になる前の誘導期間があるので、平年にくらべて気温が低く経過した年では、花芽分化確認より先にビニル被覆をしてもよい。

散乱光型のPO系フィルムがおすすめ

イチゴの栽培で被覆するフィルムの種類は、梨地《なしじ》や霧なし（防霧）など、影のできにくい散乱光型フィルムが適している。

光合成による炭水化物の生産を高めるには、太陽光の粒子をできるだけ多く葉に取り込むことと、取り込んだ粒子をできるだけ効率的に炭水化物に転換することである。

光の取り込みには、被覆資材の透過量が大きく影響する。ただし、みためが透明なフィルムにこだわる必要はない。ハウスの外から内部がはっきりみえる透明型フィルムでも、ハウス内が曇ったような状態でよくみえない散乱光型フィルムでも、外からハウス内に透過する光の量に大きなちがいはない。

むしろ、散乱光型フィルムを被覆すると、葉やハウス資材の影がほとんどなくなるので、直射光では葉陰になる葉にも光が当たりやすくなる。イチゴでは、着生している葉の葉位間の受光量の差が大きいと、光が十分に当たっている葉にくらべ、陰になる葉の活性が低下する。逆に、葉位間の受光量の差が小さくなるほど、陰になりやすい下位葉の寿命が長くなる。

また、日射による急激な温度の上昇が抑えられ、緩慢に変化するので、イチゴの生育にとっても適している。

以前は、塩ビ系のフィルムにくらべて、PO系（ポリ系）のフィルムは保温性がかなり劣っていた。しかし、最近はかなり改善されていることや、もともと軽くて被覆作業がしやすいため、最近では塩ビ系フィルムよりPO系のフィルムを使うことが多くなっている。

栽培期間中にホコリなどがフィルム上面に付着し、光線量が少なくなった場合は、天井フィルム上面を洗浄する。とくに複数年利用する場合は、毎年栽培を始める前に必ず洗浄するように心がける。

張りっぱなしにする場合の注意

最近は、厚手（厚さ0・15㎜）のフィルムを使って、数年間張りっぱなしにする方法（長期展張型ハウス）も行なわれているが、栽培管理もそれに合わせて対応する必要がある。

長期展張型ハウスでは、側窓や天井の換気窓を全開しても、露地より常に温度が高い環境になっているので、第1次腋果房の花芽分化時期が遅れ気味になる。また、頂果房の花芽分化が確認できない苗を定植しても、露地ではそれなりの割合で花芽分化がすすむが、長期展張型ハウスでは花芽分化が大幅に遅れる。

それを防ぐため、長期展張型ハウスでは、頂果房の花芽分化を確実に確認してから定植することと、第1次腋果房の花芽分化が遅れないように、できるだけフィルムを広くあけてハウスを開放状態にするとともに、降雨の影響を受けないのでかん水をやや控えめにする。

4 株の管理

弱い腋芽とランナーの除去

・弱い腋芽の除去

腋芽には頂芽優勢の性質が強くでるので、一般的には生長点に近い葉腋ほど強い腋芽が発生するが、主芽の地ぎわ部から弱い腋芽（いわゆる「ドロ芽」〈第2章図2－3、4参照〉）が発生することがある。ドロ芽につく花芽は小さく、貧弱な花にしかならない。ドロ芽をそのまま放置しておくと株元が過繁茂になり、結実させる上位腋芽の生育にも悪影響をおよぼすので、早めに除去する。

腋果房を2芽仕立てにする場合でも、力のある腋芽は頂果房の上位葉の腋芽から発生するので、出蕾前までに出現した弱い腋芽は不要なので早めに摘除する。

・ランナーの除去

活着がスムーズにすすみ、生育が旺盛になるとランナーがで始める。ランナーは果実生産には必要ないので早めに摘むのが望ましい。そのとき、ムリに元から摘除しようとすると、大切な蕾や花を傷めたり折ったりしてしまうことがある。

ランナーは、元から摘除するのではなく、先端を指先でピンチするだけでよい（第2章図2－39参照）。作業は一瞬で終わり、ランナーはこれ以上伸びることはない。収穫の終わった果房の果柄摘除や、摘葉などの作業のときに一緒に摘除するとよい。

小さな果実（花）の摘除のタイミングと方法

イチゴの内葉数（外からみえない葉、第2章図2－27参照）は、生育期間全般をとおして、いつの時期でもほぼ5～6枚程度であると考えてよい。そして、内葉数と花芽分化のステージ、分化している花（果）数は密接に関係している。

内葉数が3枚のときは、頂果房はガク片形成期になっており、分化している果実数は7果程度である。そして内葉数が1～2枚のときには、頂果房の花器はほぼできあがりつつあり、10果程度の果実が形成されている。つまり、内葉数が少なくなるほど花芽の発育がすすんでおり、分化・形成されている花（果）数も多くなっている（第2章表2－2参照）。

株の発育にともなってそれぞれの果実も順次発育するが、栄養条件が悪いと、あとから分化した花ほど果柄の太さが細くなり、痩果数も少なくなるので小さな果実になる。また、同じ果房内でも分枝が高次になるほど栄養不足に陥り、開花した花の雌ずい部分が黒い花になることが多いので、こうした花は早めに摘除する。

それぞれの花と、それにつながっている花柄の発育は密接に関連しており、花柄が細くなるほど小さな花になる。したがって、果実が大きくなるかどうかは、その花が開花・結実する前でも、花柄の太さである程度は判断できるので、花柄が細い花は早め早めに摘除する。

摘果のタイミングは、摘除するための労力や着果負担を考えると、開花前の蕾の段階で摘むのがよい。結実し、緑果になったような状態で摘果するようでは遅い。

葉かき（摘葉）のタイミング

葉かきの目安として、1株の葉数で表現されることがあるが、葉数だけでなく葉の大きさも含めて考えたい。

イチゴでは、葉位による日当たりの差が大きくなるほど、葉陰にある葉の老化が早くなりやすい。葉面積の大きい葉がついた株は葉陰も多くなるので、下位葉の黄化や老化が早くなり、葉数を維持しようとしても、光合成を旺盛に行なう健全な葉が確保できないことも多い。

逆に葉が小さく育った株では、葉陰が少なくなり、上位葉と下位葉での日当たりの差が小さくなるので、下位葉も健全で老化も遅くなる場合が多くなる。このように、いちがいには適正な葉数を決めるのはむずかしい。

イチゴの止め葉とは？

出蕾期に花房と一緒に1枚の葉（托葉）がでる。一部の生産者などは止め葉と呼ぶこともあるが，止め葉ではない。栄養生長から生殖生長にかわるときに，形態の異なる葉がでる作物（タマネギなど）があり，その葉を止め葉と呼び，これをみて花房の出現を予測することがあるが，イチゴの場合の托葉は果房に付随して発生する器官であり，止め葉とは意味が異なる

葉かきのタイミングは、葉身の一部が黄化したり、葉のツヤがなくなったときで、こうなった下位葉を中心に摘除する（図4-10）。なお、摘葉は下位葉から順に行なうようにする。

一定の葉数が分化したあとでないと花芽分化しない〝よつぼし〟は、定植後花芽分化まで多くの葉が出現するので、花芽分化時期までに出葉した葉は早めに摘葉する。

また、葉は、古い果房の収穫が終わるころには、つぎの腋芽に代替わりをする傾向があるので、各果房の末端の果実が収穫を終えるころのタイミングで、その果房が着生している腋芽の葉を摘除することもよい。

年によって腋果房の花芽分化時期が遅くなることもあるが、その場合は強めの摘葉をしても出蕾期には十分な葉数が確保できるので、定植後の腋果房の花芽分化確認を怠らないようにする。

ハダニ被害葉は過度に摘除しない

ハダニ類の被害にあったとき、下葉だけでなく中位葉まで摘除して、本葉の葉数が数枚という株も散見される。しかし、ここまで葉かきすると、当然のことながら光合成産物が少なくなり、果実の糖度低下や腋芽の生育にも悪影響をおよぼすので、過度の葉かきは絶対に避ける。

ハダニ類は、古葉より若い葉（芯葉）で旺盛に活動するので、古葉には多くは残っていない（図4－11）。ハダニ対策として下葉を摘除する場合は、床面に接しているなど、薬剤がかかりにくい葉に限定して行なう。

5 生育初期の生理障害と病害虫防除

ここでは、病害虫防除は「この時期の病害虫防除の着眼点」のみにとどめた。定植以降の防除については、第5章12項にまとめているので、そちらも参照されたい。

チップバーン

出現したばかりの芯葉や、出蕾したばかりのガクの先端付近が、縮れた状態で黒変する現象である（図4－12）。カルシウム欠乏症としてあつかわれることが多い。しかし実際には、土壌中にカルシウムが豊富にあっても、イチゴ体内のカルシウムの転流がスムーズにできないため発症することが多い。

カルシウムは細胞壁を構成する成分で、細胞分裂が盛んな部位ほど必要な栄養素であり、いったん細胞壁に使われると、その後分解されて他の部位へ移動することはない。土壌が乾燥してイチゴの吸水量が少なくなると、吸収されたカルシウムの転流が一時的にうまくいかなくなり、最も細胞分裂が盛んに行なわれている、生長点へのスムーズな供給に支障をきたすことによって発生する。

実際の発生状況をみると、ある状況で発生していることが多い。点滴チューブにテンションがかからず、途中で曲がったりして一部が株元

図 4-10　1 回目の葉かき
おおよそ定植 2 週間後，新葉が 3 枚程度出現したころに枯れた葉や傷ついた葉を摘除する

図 4-11　ハダニ類による被害葉
ハダニ類は古葉より若い葉（芯葉）で旺盛に活動する

図 4-12　チップバーン
一時的な乾燥によって発生する。定植後，根部の伸長がまだ少なく根圏が狭いときに，局所的に土壌水分が不足すると発生しやすい。蕾や花に発生すると奇形果などになりやすく，収量が低下する

からずれ、その部分だけが一時的に乾燥状態となって発生している例が多い。

　発生時期は、栽培槽内に根があまり伸長していない、生育初期に多い。これは、根圏の容量がまだ小さいため、土壌水分が不均一で、一部が乾燥状態になったことの影響をもろに受けるためである。

　植付け後3カ月ほどして、栽培槽内全体に広く根が張るようになれば、部分的に土壌水分にムラがあっても、1株の根圏領域が広くなっているので、チップバーンはほとんど発生しなくなる。

　いったんチップバーンが発生すると、症状が1枚の葉にとどまることはない。連続してでている、数枚の葉に発生することが多い。しかも、葉だけでなく、同じ時期に出蕾するガクにも発生する。ガクにチップバーンが発生すると、果実にも悪影響があらわれて、正常な果実にならないことが多い。

　発生防止対策は、生育初期に、局所的に土壌が乾燥するのを避けることが重要である。根圏が十分形成される定植3カ月ころまでは、不均一なかん水にならないよう注意深く観察する。点滴チューブには常にテンションをかけて、昼夜の温度差による伸縮に起因するヨレの発生を極力少なくする。複数年使用している点滴チューブは、目詰まりのチェックも怠らないようにする。

　なお、チップバーンは、土壌中のカルシウムが少なくなって発生するのではないので、発生した株へのカルシウム剤の葉面散布や土壌かん注の効果はあまり期待できない。

着果数が多く，葉数が少ない

芯の部分に芽がみえない

図 4-13　芽なし株
株の力に対して着果量が多くなると，発生初期の腋芽の発育が停止し，芽のない状態になる。着果数が多く，発生したあとの改善対策はない。葉数が少ないために光合成量が少なくなり，果形には大きな問題はないが，糖度は確実に低い果実になる

芽なし株

・症状

　通常であれば、株の中心部に頂果房の蕾がみえはじめる（出蕾期）ころには、腋芽の葉が2枚程度でていることが多い。しかし芽なし株では、蕾はみえているが、でてくるはずの腋芽の葉がみえない。その後も、果房はでても新葉がでてこないので、株にはすでにでている頂果房の主芽の葉しかなく、その葉も老化によって枚数が徐々に少なくなってくる（図4－13）。

　イチゴは生殖器官である果実に最優先で光合成産物が移動するので、芽なし株でも果実はそれなりに肥大し、赤くなって収穫もできる。し

かし、葉数が少ないため光合成量が不足し、果実の糖度が著しく低下するので、商品性のない果実になる。

なお、芽なし株は、頂果房のあとにでてくる腋芽の発育停止によって発生する現象なので、頂果房そのものがでてこない株では発生することはない。

・原因

光合成で生産されたデンプンなどの光合成産物は、果実へ最優先で分配される。そのつぎが根で、芽の生長点への分配は最後になる。

クラウン部はこうした養分の貯蔵器官であるが、クラウンが小さい苗や、低温暗黒処理で処理期間中に光合成産物を多く消耗した苗では、イチゴの体力が低下した状態で花芽分化することになる。

光合成産物は生殖器官である果房への分配が最優先されるので、こうした株では、腋芽の原基はあっても生長できない。顕微鏡で観察すると、痕跡程度の芽は確認できるが、それ以上発育することができない状態である。このように、芯部から芽がみえない状態を芽なし現象といい、こうした株を芽なし株という。

また、芽なし株は、果房内の果数が通常の株よりかなり多い場合がほとんどで、その分株の着果負担が大きくなり、腋芽への養分分配が少なくなることも大きく影響している。

・対策

芽なし株は、発生してからでは早急に回復させるための対策はない。

発生した株は抜き取って予備の苗を植えるか、近くの株から定植後に発生する最初のランナーを、株を抜き取ったところに固定する。

また、発生した株をそのままにしておいて、着果負担をなくすために摘果房しても、すぐに腋芽が発生することはない。腋芽が発生するのは2～3カ月後になるので、その期間の収穫は期待できない（図4－14）。したがって、発生をいかに少なくするかが重要である。

発生を防ぐには、貯蔵器官であるクラウンの大きな苗を養成することが必要で、そのためには十分な苗の養成期間を確保する。クラウンが小さい苗は、体力の消耗が激しい低温暗黒処理は避けたほうが無難である。

もし、芽なし株の発生が予想される苗を植えざるをえない場合は、植穴への施肥により、定植直後から肥効を高めることが有効である。このことによって、頂芽だけでなく、分化が始まっている腋芽の発育を促すことができ、発生割合をいくぶんか低下させることはできる。

この時期の病害虫防除の着眼点

定植からビニル被覆までは、温度の高い時期なので、病害虫が発生しやすい。定植直前・直後の防除のポイントを表4－1に示したので

図 4-14　芽なし株から遅れて発生した芽

表 4-1　定植直前・直後の病害虫防除のポイント
年内に本圃で発生する病害虫の 8 割は苗からの持ち込みによる

①とくにハダニ類の防除を徹底する
- 定植前の苗へのモベントフロアブル剤のかん注処理は，ハダニ類の防除効果が高い
- 蒸熱処理や高濃度炭酸ガス燻蒸処理の効果も高い
- マルチ後は，バンカーシート（天敵保護装置）を活用する（図4-15）

②ハダニ類については，気門封鎖剤の効果も高い

③スリップス
- おもな発生時期はハウス側面を開放するころ以降であるが，秋のフィルム被覆時期にも発生する。天敵（アカメガシワクダアザミウマ，ククメリス）の効果も高い

図4-15　設置されたダニの天敵（ミヤコカブリダニ）をいれたバンカーシート（11月1日）
バンカーシートは，発注後納品までには1週間程度かかる。放飼日を決めてから発注する
手元に到着後，ハウス内へ設置するまで数日要する場合は，冷暗所に保管する。冷蔵庫での保管は厳禁
防水仕様なので，降雨でも問題はない。かん水が当たる育苗中でも問題はない
ミヤコカブリダニは設置後2週間くらいはバッグ内で増殖し，その後急速にバッグから外にでてくる
ミヤコカブリダニがシートの外にでだして2週間くらいしてから，バンカーシートの位置をかえることで，全体により均一に放飼することができる

参考にしていただきたい。

ビニルを被覆する前は、タバコガの成虫などが飛来し、産卵によって幼虫の食害が多く発生する。出蕾前であれば、被害は葉身の一部が食害され、葉面積が少なくなる程度ですむが、出蕾直前になると、幼虫は組織の柔らかい芯葉や蕾のなかに侵入するので、大きな被害になる。芯葉に侵入されると、新葉がなくなり芽なし株状態になる。また、蕾に侵入すると雌ずいを食害するので、果実の一部がなくなり、商品性のない果実になる。葉の食害にくらべて、蕾への食害は直接的に経済的損失を受けることになる。

防除は、成虫の飛び込みがないか常に観察し、産卵や幼虫を確認したら部分的にでも薬剤防除を行なう。

ハダニ類もいったん発生すると防除がむずかしくなるので、発生初期をみのがさないように、観察と的確な防除が欠かせない（図4－16）。

この時期に発生する病気には、炭疽病や萎黄病がある。炭疽病は苗からの持ち込みによることが多いので、育苗期の防除を徹底しておく。萎黄病は本圃の土壌から感染することが多いので、土壌消毒などを徹底する。

定植後しばらくして株に萎れが発生したら、多くは炭疽病や萎黄病の感染が疑われる。早めに株を抜き取り、残った株への伝播をできるだけなくす。また、コガネムシの幼虫による根部への食害によって萎れが発生することもあるので、萎れ株をみつけたら株元を掘り返して、害虫による切り口や幼虫の有無を確認することも欠かせない。

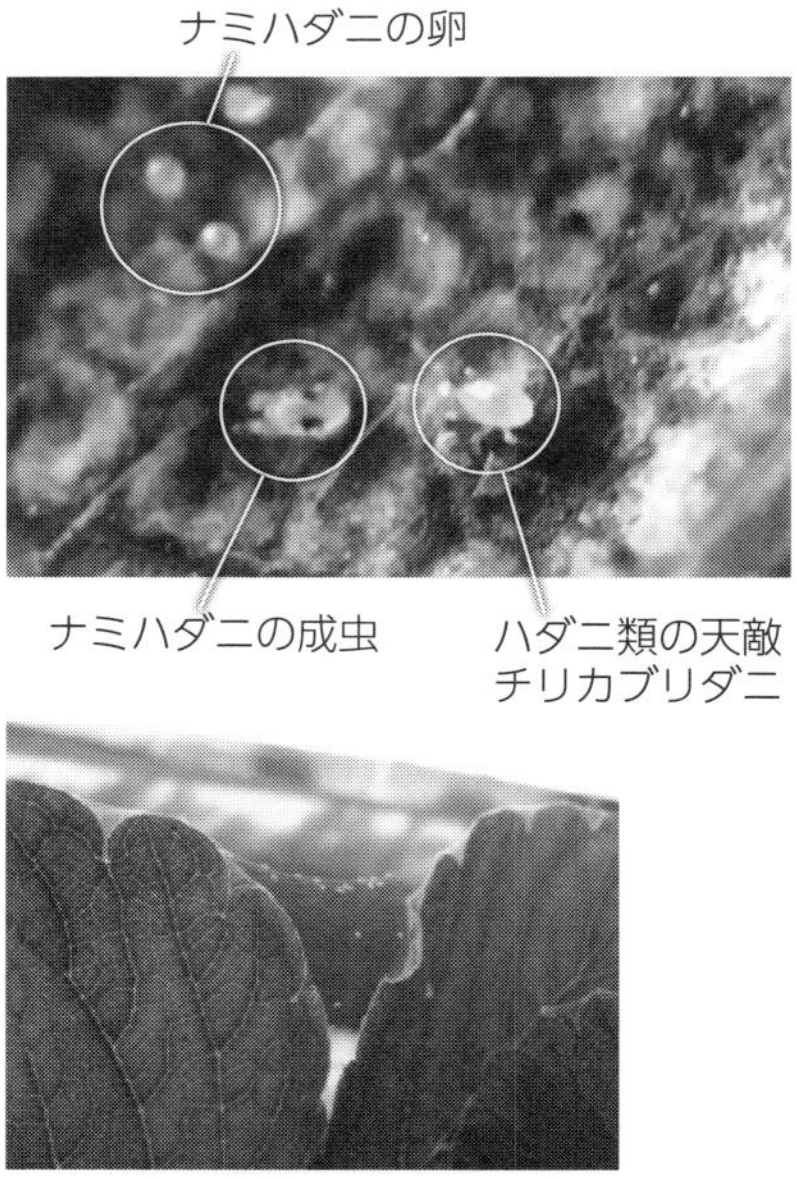

ハダニ類が多発生すると，このような蜘蛛の巣状の糸を張る。糸の上にいるのがハダニ類

図4-16　ハダニ類と天敵のチリカブリダニ

第5章 収穫期の管理

1 中休みなく収穫するためのポイント

年内までの生育が全期間の収量を左右

イチゴの収穫時期は、秋から厳寒期そして春へと、施設外の環境条件が大きく変動するなかで、半年以上継続される。長い収穫期間中には、糖度など収穫果実の品質は季節変動するが、できるだけ変動幅を小さくする管理技術が必要になる（図5－1）。

安定した品質と収量を実現するためには、環境制御を十分に活用して、イチゴに適した栽培環境を維持していくことが大きなポイントになる。なかでも、果実品質の大きな要素である果実糖度に大きく影響するのは、温度や培養土の水分管理である。

イチゴでは、年内までの生育が収量に大きく影響する。初期～中期の生育が停滞気味に経過すると、収穫期全体の収量に大きな悪影響をおよぼすことになるので、初期から草勢を維持する管理が欠かせない。

中休みの原因は二つ

果房間の収穫時期が中断する、いわゆる収穫の中休み現象が作型や年次によってみられる。この中休みによる収穫の変動が大きくなることが、安定した生産の障害になっている。とくに、頂果房と第1次腋果房間の中休みはよくみられる現象である。

中休みの直接的な原因は、先に出現した果房のつぎに出現する果房の花芽分化の遅延と、株疲れによる出葉速度の低下の二つあり、どちらが原因かによって対策がまったくちがう。中休み現象が発生した場合には、花芽分化の遅延によるものか出葉速度の低下によるかを、きちんと見極めることが次年度の対策につながる。

花芽分化の遅延に起因する場合は、遅延している期間に発生する腋芽の葉数が増えるので、出葉速度が同じでもその増えた葉数の枚数分出蕾が遅れる。着果負担のない状態では新葉は5～7日間隔で出現するので、内葉数が1枚増えると、それが出現するまでの5～7日間、出蕾までの日数が長くなる。したがって、出葉速度は同じでも、この長くなった期間が中休みにつながる。

出葉速度の低下に起因する場合は、花芽分化が同じ時期でも、着果負担による株疲れで出葉速度が遅くなり、腋芽の葉数が同じでも出蕾・開花時期が遅れ、中休みにつながる。

頂果房と第1次腋果房のあいだの中休みの原因

第1次腋果房の花芽分化時期には、頂果房の収穫はまだ始まっていないので、着果負担による出葉速度への影響は考えにくい。頂果房の収穫時期と第1次腋果房の収穫時期のあいだにおきる中休みのおもな原因は、第1次分枝（第1次腋果房）の花芽分化の遅れによって、腋芽の葉数が増えるためである。

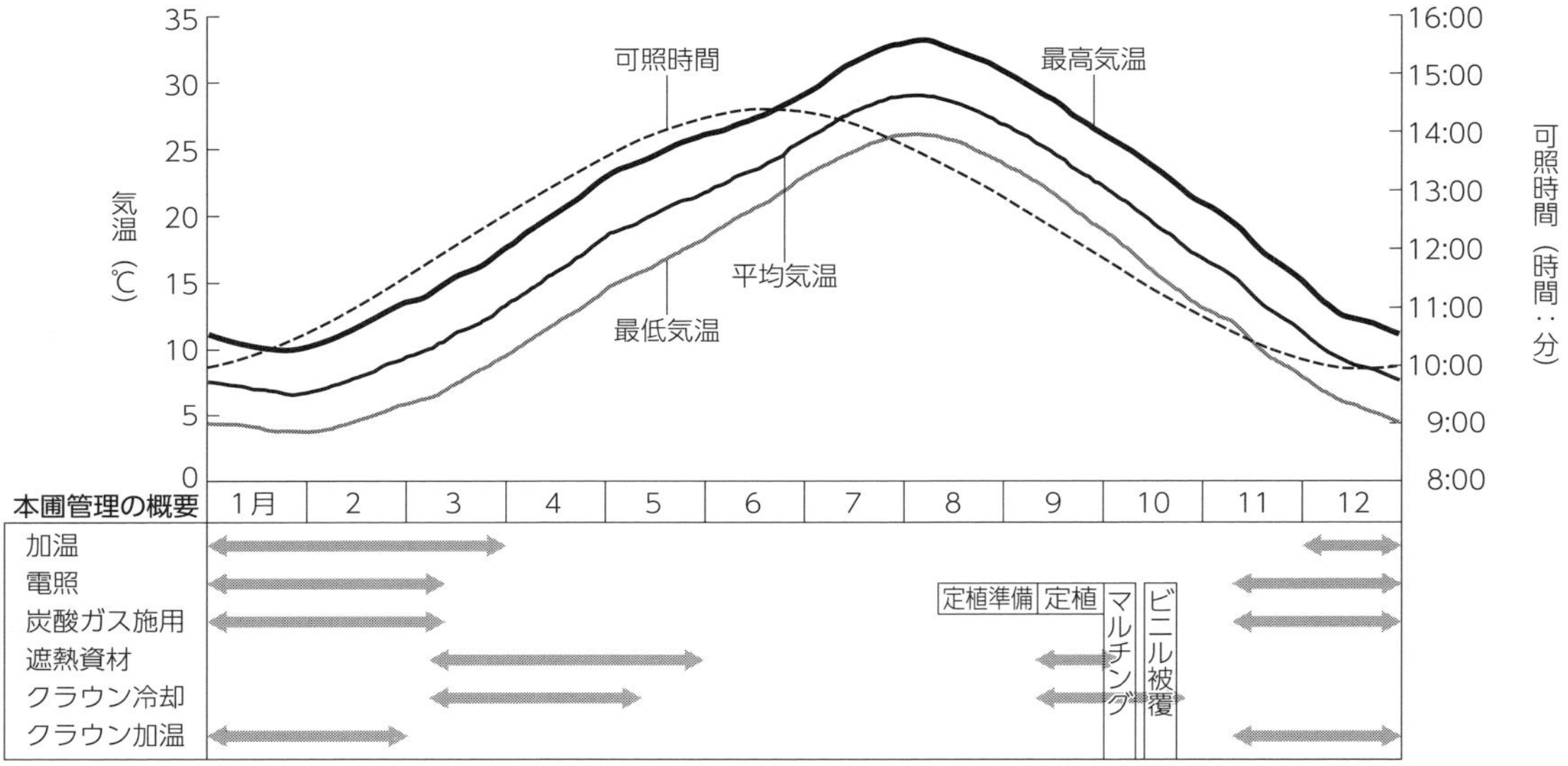

図 5-1　年間の気温，可照時間の平年値（福岡市）の推移と主要な栽培管理
気温，可照時間の日ごとの平均値（福岡市）（1991 ～ 2020 年）

第1次腋果房（2番果）の花芽分化時期は、定植後の環境や栽培管理の影響を大きく受ける。第4章2項「第1次腋果房の花芽分化促進と肥培管理」で述べているように、植付け後数週間の高温や肥料の効きすぎによって腋芽の生育が栄養過多になり、その芽の頂点にできる、第1次腋果房の花芽分化が遅れることが中休みの原因である。

したがって、中休みの程度を軽くし、安定的に連続した収穫を行なうには、定植後の温度と肥培管理を適切に行なうことによって、第1次腋果房の花芽分化をできるだけスムーズに誘導することがポイントになる。

第2次腋果房以降の中休みの原因

一方、第2次分枝（第2次腋果房）以降は、温度や肥培管理に関係なく、ほぼ内葉数2～3枚で連続的に花芽分化するので、果房がとぎれることなく出現する。

そのため、本来であれば、大きな中休みが発生することはないはずだが、実際には第2次腋果房以降の中休みも発生する。

この原因は、株疲れによる、出葉速度の大幅な遅延によるものである。したがって、この中休みを防ぐには、電照や環境制御技術を活用して、草勢を安定的に維持することが大きなポイントになる。

いつまで収穫できるかの判定

促成栽培のイチゴが、春以降いつまで収穫できるかは、連続的に継続した花芽分化が誘導されるかどうかで決まる。

4月以降に出現する腋芽はそれまでとちがい、花芽分化までの腋芽の葉数が増え、しかも株による葉数のバラツキが大きくなる。これが、そろそろつぎの果房がでなくなる兆候になるが、ある時期にすべての株の花芽分化が一斉に止まることはない。

いったん腋芽内の葉数が増えると、つぎに発生する腋芽には、葉数が増えても生長点に花芽がつかなくなる傾向が大きい。こうなると、長期間の収穫をめざして栽培を継続しても、いつまでたってもつぎの果房がでてくることはない。

いつまで果房が発生するかどうかを見極めるには、数株抜き取り、検鏡によって腋芽内の花芽までの内葉数を確認する。

腋芽内の花芽分化までの内葉数が増え、おおよそ3枚で花芽が分化していたのが、5～6枚で花芽が分化するようになると、つぎの腋芽には花芽が着生しなくなり、連続した収穫が終了することになる。

検鏡によって、次果房が出蕾するかどうかが1カ月前に判断できるので、的確な収穫の打ち切り時期が判断できる。

促成栽培用の一季成り品種では、一般的に、花芽分化の遅い品種ほど後半の腋芽内の葉数増加が早くなり、収穫終わりが早い。

2 温度管理

ハウス内温度は昼・夜温より日平均温度で管理する

従来のハウス内の温度管理は、昼間と夜間を別々に考え、それぞれの温度を別々に制御する方法が一般的であった。

昼間は換気する温度を設定し、設定以上の温度になれば換気窓の開放や換気扇を稼働させ、夜間は気温が設定温度より下がったら暖房機を稼働させるという方法である。しかし、イチゴの生育には昼間や夜間の温度よりも、1日の平均温度（日平均温度）が大きく影響するので、温度制御は日平均温度を意識して行なうのが望ましい。

一般的に、昼間の暖房はしていないので、換気開始や暖房機が稼働するまでの温度はなりゆきで経過する。夜間の温度も、暖房機稼働の設定温度になるまではなりゆきで経過する。したがって、換気や暖房機の設定温度が同じでも、日平均温度は大きく変動するのである。

以前は、日々の日平均温度を把握することはむずかしかった。しかし最近は、施設内の気温を連続して記録でき、リアルタイムで温度をみることや、前日の日平均気温をスマートフォンなどの端末で、グラフや数値でみることができる測定機器（温度ロガー）が安価に入手できる。これらの機器を利用することで、日平均温度も容易に把握できるようになってきた。

日平均温度を維持する温度管理

日平均温度を維持するという温度管理を前提にすれば、かりに夜間の温度が低く経過した場合でも、翌日の昼間、とくに午後を高温管理にすることによって、目標とする日平均温度が確保できる。

1日の温度管理は、昼間の換気の目安は26～27℃程度、夜間の暖房の目安は最低6℃程度で行ない、日平均温度が15℃程度になるように管理する。

厳寒期の曇雨天日には、昼間のハウス内最高温度が10℃以上にならないこともある。その場合は暖房機を稼働させ、午前11時～午後3時くらいまでのハウス内温度を16℃程度になるように管理して、日平均温度を確保する。

温度の日変化や日による変動は大きいが、イチゴは毎日の細かな温度変動にあまり敏感には反応しないので、数日間を見通した温度管理を行なう。たとえば、ある日の日平均温度が適温から数℃ずれていたとしても、数日間の日平均温度が適温の範囲であれば生育に大きな影響はない。

注意しなくてはならないのは、30℃以上になる昼間の過度の高温である。30℃以上になる日があると、10日～2週間後に開花する花に、雌ずいが黒変した障害花が出現することがあるので、昼間の温度が30℃以上にならないように、換気や遮熱資材の展張によって管理する。

効果が高い厳寒期の昼間の積極的加温

これまでのイチゴ栽培では、昼間の温度が低い場合でも、暖房機を積極的に稼働させることはほとんどなかった。これは、イチゴはもともと低温性の作物であり、気温が零下にならないかぎり、目にみえる低温障害が発生することがないので、昼間に燃油を使用するのはもったいない、という考えが一般的であったことが影響している。

しかし、厳寒期で昼間の温度が低い場合、積極的に加温して日平均温度を確保すれば、生育促進や収量増加の効果が高い。

また、燃焼式の炭酸ガス発生装置は、炭酸ガス施用の効果のみ強調されることが多いが、燃焼式の発生装置には熱の逃げ口である煙突がなく、燃焼したときに発生する熱が逃げることがないので、ハウス内の気温を上げる効果もかなり大きい。

燃焼式の炭酸ガス発生装置は、炭酸ガスの施用効果とともに、昼間の温度を上げる効果も大きいのである。

転流は昼間も盛んに行なわれる ―「日没後加温による転流促進」から抜けだそう

これまでは、同化産物の転流は夜間に行なわれるので、昼間の光合成によって生産された同化産物は葉に蓄積されたままの状態になり、光合成速度が低下すると考えられていた。そして、転流の速度はイチゴの体温が高いほうが速いので、日没後数時間は温度を高めに管理して転流を促進し、その後は低温管理に転換して呼吸による消耗を抑える、というような温度管理が一般的であった。

しかし、実際には昼間も転流が盛んに行なわれていることが、あらためて注目されている。光合成や転流は温度が高くなるほど促進されるので、昼間の高温管理によって、光合成とともに転流も促進するという考え方である。

一部で取り入れられている、日没後数時間加温することによって昼間に葉に蓄積された光合成産物の転流を促進する、という考え方から抜けだした温度管理が望ましい。

地温（培養土の温度）管理の考え方

地温は、培養土を直接加温する温湯循環用の配管がない架台では、ハウス内の平均温度が反映する。

栽培槽にシートなどを使う高設栽培方式を開発した当初は、できるだけ地温を維持するため、架台の下に温風暖房機のダクトを配置し、ダクトから吹きでた温風を架台の下にいったん閉じ込めて、その熱を培養土加温に利用する方法を提案した。温風ダクトが配置された架台の下をフィルムで囲って密閉する、いわゆるスカート方式である（図5－2）。

この方式を、発泡スチロール製など断熱性のある栽培槽で使っている例もあるが、有効なのは不織布などの断熱性がないシートを使った方式に限定されることはいうまでもない。

昼間の架台内の温度を上げるためには、日射が架台下を照射する透明フィルムの効果が高い。しかし、最近はみばえのよい白黒フィルムの白面を外側にして被覆する例がよくみられる。この場合の実際の地温を測定してみると、培養土温度に大きく影響していないし、架台の下を囲っているため、高い昼間のハウス内温度による培養土への影響を遮断してしまい、昼間の地温が上がらない。当然であるが、このフィルムでは、昼間の日射による架台内の温度を確保する効果はほとんどない。

最低地温が12℃以上に確保できていれば生育には大きな問題はなく、ハウス内温度を昼間26

図5-2　架台下のスカート開放状態
架台下には温風暖房機のダクトが配置されている。右側架台下はスカートを展張している。スカート方式では培養土温度への影響は小さい。また，昼間の高いハウス内温度による培養土への影響を遮断してしまう

〜27℃、夜間6℃以上で管理すれば、この地温を保つことができる。

なお、温度計を土中に挿入して地温を測定する場合は、最高地温や最低地温が出現する時間帯は、気温の最高や最低の時間帯から2〜3時間遅れることも理解しておく。

ハウス内の温度は意外にムラがある

ハウス内の温度は、意外にムラがあることを知っておきたい。低温になると暖房機が連続して稼働するが、昼間や夜間でも暖房機の稼働が少ないときにくらべ、ハウス内の温度分布に大きなムラが発生しやすくなる。

ハウス内の温度をできるだけ均一に温めるために温風ダクトを使っているが、意外に無造作に使っている場合が多いためである。ハウス内に多数の温度ロガーを配置し、記録し、整理したうえで、温度の低い部分にダクトからの出口を配置するようにするだけで、温度ムラは大きく改善される。

3 クラウン温度の制御

クラウン温度が生育・収量を大きく左右

イチゴの生育に影響する温度は、これまで気温と地温が主要な要因と考えられていたが、それ以上に、クラウンの温度も大きく影響することが明らかになっている（図5－3）。

イチゴの良好な花芽分化や生育には、栽培期間中をとおして、クラウンが20℃前後になるような温度管理が効果的である。

国内のほとんどの促成栽培産地では、本圃での生育期間中、気温が高いためにクラウンを冷却したほうがよい時期（植付け〜11月、4月以降）と、気温が低いためにクラウン加温が必要な時期（12〜3月）の両方がある。

ただし、例外的に沖縄県では冬でも最低気温

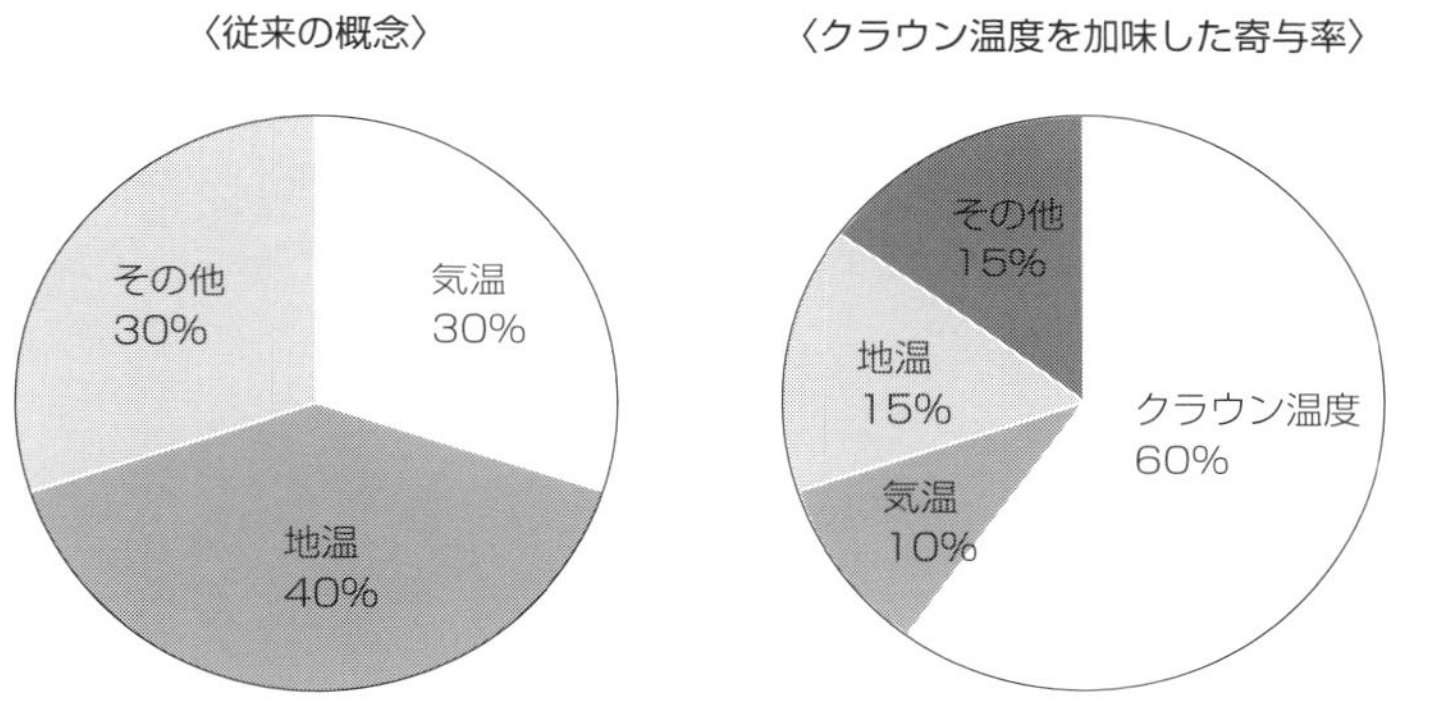

図 5-3　生育制御への温度の寄与度（概念図）

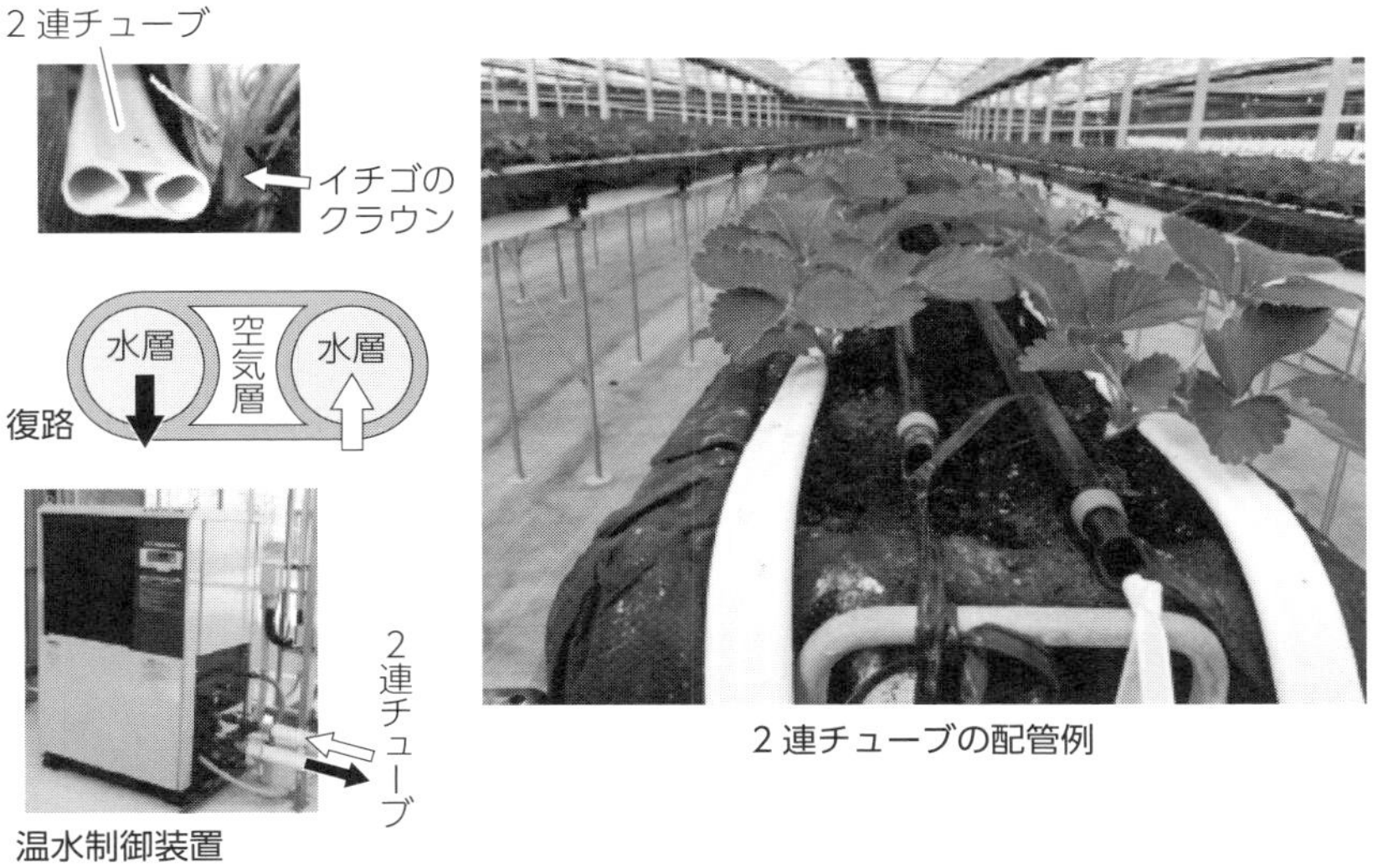

図 5-4　クラウン温度制御の設置事例
温度制御した水をクラウン部に接触した2連チューブをとおして循環させ，クラウン部を加温，冷却する。生育促進の加温効果と，冷却による腋果房の花芽分化促進，春の過繁茂防止に効果がある

が十分に高いため、クラウン加温は必要なく、秋と春にクラウンを冷却する方式だけになる。

クラウン温度の制御は、膨大なエネルギーを使う従来のハウス内空間全体の温度（気温、地温）管理にくらべ、クラウン部というきわめて局所的な温度制御になるので、省エネで生産性の高い効果的な温度制御法である（図5－4）。

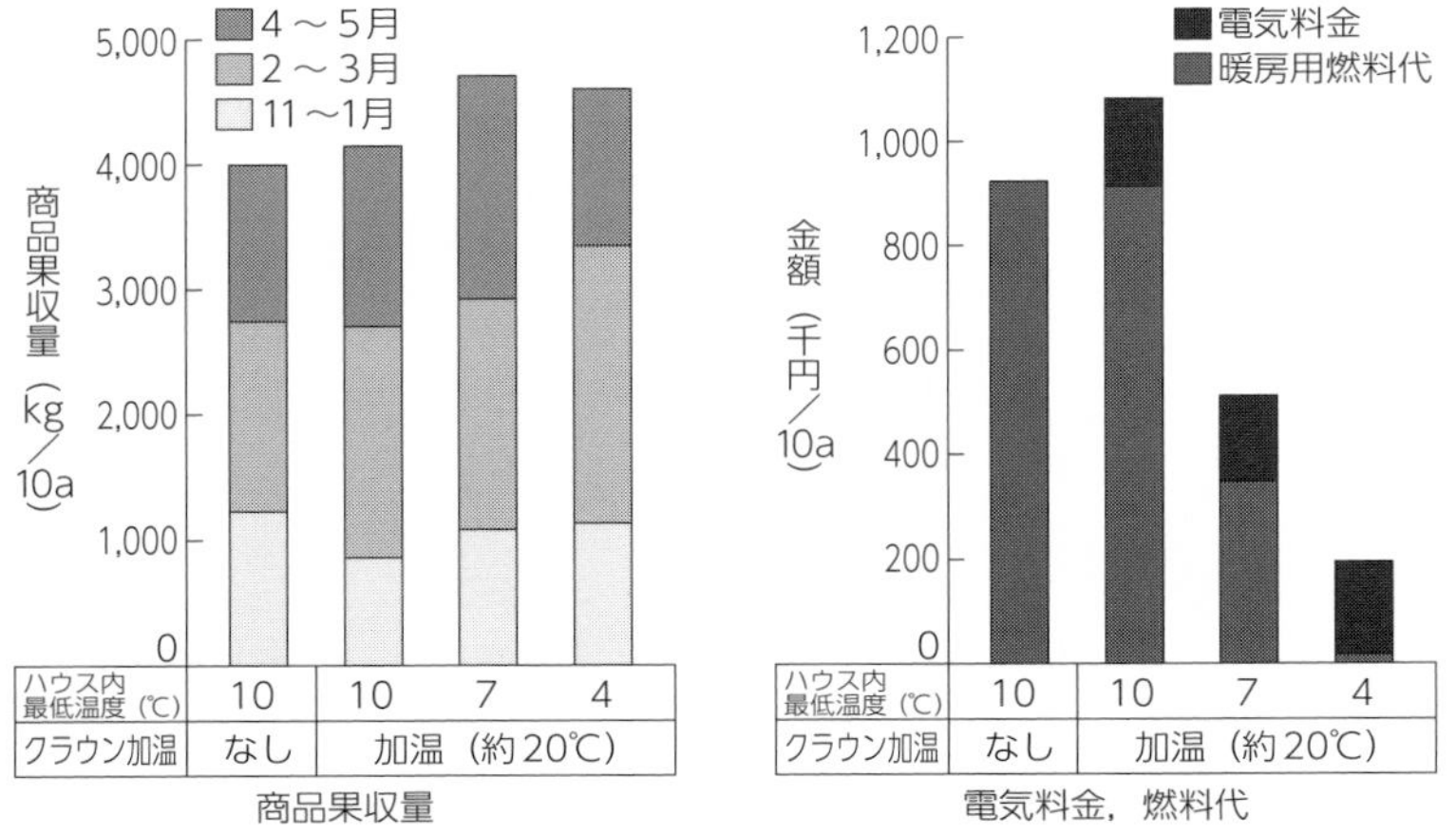

図 5-5　クラウン温度制御，ハウス内最低温度と収量，経費の比較（福岡県農総試）

第1次腋果房の花芽分化を促進、厳寒期の生育停滞も克服

クラウン温度を、生育期間全般にわたって20℃程度に維持することによって、第1次腋果房の花芽分化を促進するとともに、厳寒期の生育の停滞をなくす効果が期待できる。

第4章でも述べたように、昼間の温度が高い定植後からビニル被覆時期まで、クラウン部が20℃程度になるように冷却することで、第1次腋果房の花芽分化が確実に早くなり、分化時期の年次変動も小さくなる。しかも、頂果房の果実は、クラウンの冷却によって雌ずい形成期ころまで生育適温に長期間遭遇するため、痩果（イチゴ果実（偽果）についているゴマ状のもの。本来の果実で種子が含まれている）数が増え、その結果、果実の重さが増加する。

また、12～3月にクラウン部を20℃程度になるように加温することによって、ハウス内の温度が4℃程度であっても、生育の停滞が避けられるうえ、慣行管理より収量が増えることも明らかになっている（図5－5）。

クラウン加温で電照の効果も上がる

また、電照効果にも、クラウン温度の影響が非常に大きくあらわれる。電照は草勢の維持をはかるための有効な技術であるが、実際には電照しても芯葉の伸びがなく、1月ころに草勢が小さいままの状態がよくみられる。

こうした電照効果のバラツキの大きな原因は、クラウン温度がそれぞれ異なっていることに起因する。これまではクラウン温度の概念がなかったときでも夜温を一時的に上げると電照効果が大きく発現することは経験的によく知られていた。これは夜温が高くなるのにともなって、クラウンの温度が上がったことによる効果と考えられる。

電照しても芯葉の伸びが鈍いときに、電熱線などをクラウン部に接触させて、局所的にクラウンの温度を上げると、数日後には芯葉の伸長が始まり電照の効果が高まる（図5－6）。気温が低くいと必然的にクラウンの温度も低くなり、電照しても芯葉の伸びとなってあらわれにくいのである。

芯葉の伸長量は若い葉ほど大きい―葉の伸長量は2葉目くらいのときに判断

ところで、葉が伸びるかどうかの判断は、なにを目安に、いつ行なえばいいのだろうか。

葉の性質として、芯葉に近いほどその後の伸長量が大きく、葉位が上がる（下葉になる）にしたがって葉柄の伸長量は小さくなる（図5

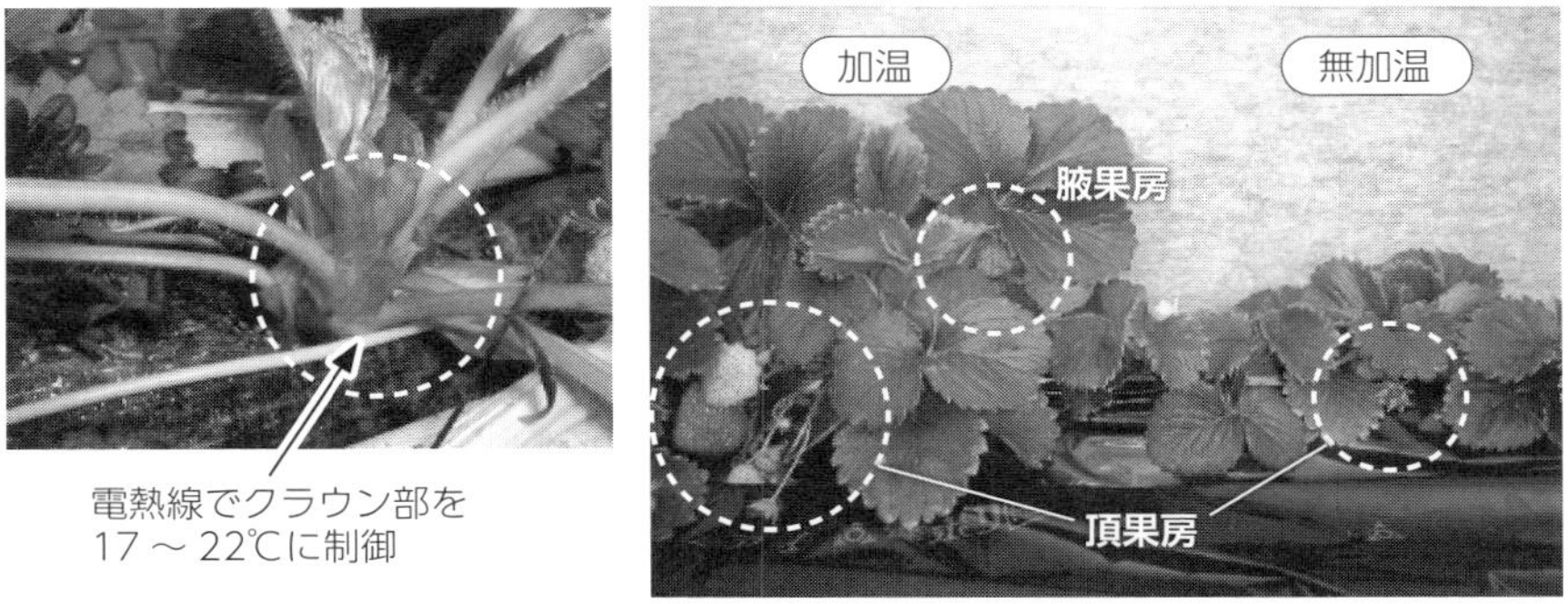

クラウン加温の効果（無電照，無加温ハウス）

図 5-6　電熱線を利用したクラウン部加温法（厳寒期に利用）
クラウン部を直接加温するだけで，イチゴの株が大きく生長し，痩果数が増えることで果実が大きくなる。出葉速度も速くなり腋果房の出現も早まる

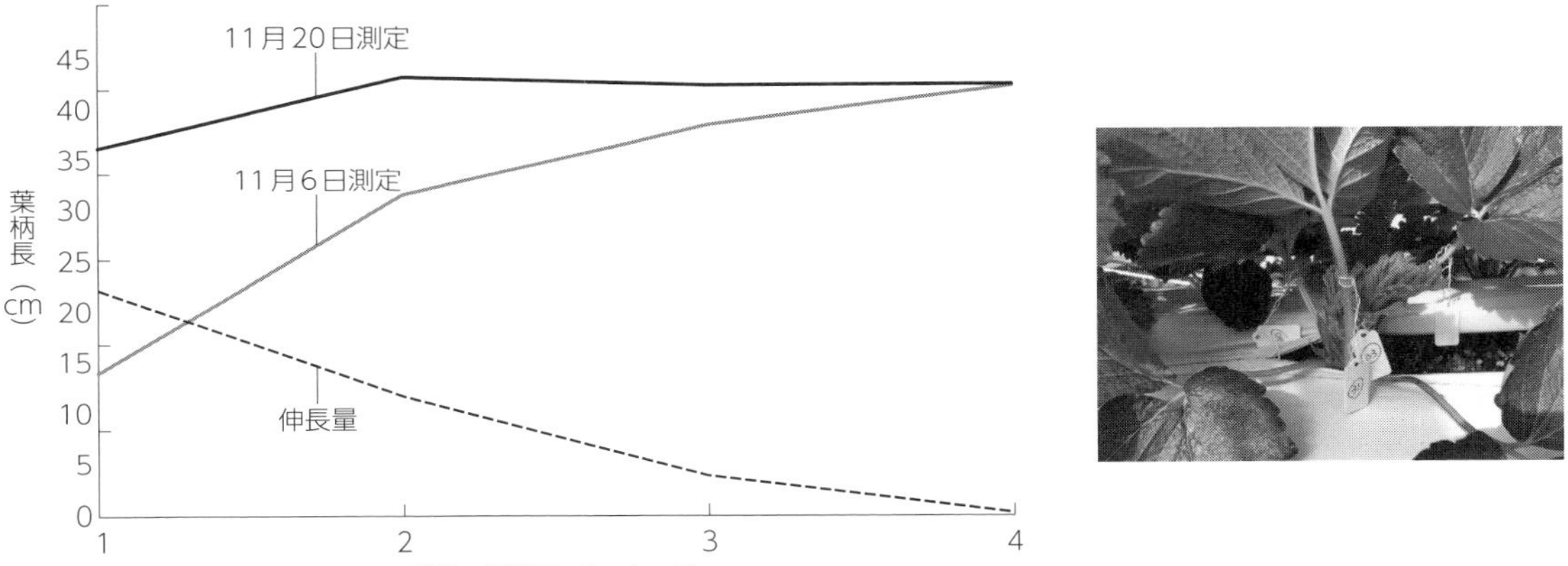

図 5-7　芯からの葉位と葉柄の伸長量
芯に近い葉ほどその後に葉柄が伸長し，4 枚目になるとその後は葉柄の伸長がみられない

－7）。また、小葉が完全に展開すると、その後は葉柄が伸長することはほとんどない。

したがって、葉が伸びるかどうかは、少なくとも芯から2葉目くらいの、未展開の時期に判断し、3葉期目以降になると葉は伸長しないことを意識して草勢管理の目安とする。

クラウン温度の制御で3月以降の品質低下も防げる

休眠状態から覚める3月以降、草勢が急速に旺盛になりがちで、こうなると、一時的ではあるが果実の糖度が大きく低下する。これは、気温が上がるとともにハウス内温度も上昇し、クラウン温度が25℃以上と高くなるためである。

草勢が急激に旺盛になり、葉面積が大きくなると蒸散量が増加し、イチゴはそれに見合った多くの水分を根から吸水する。根から吸水された水分は、葉だけでなく果実にも大量に移動する。果実の表皮が硬いトマトなどでは、それによって裂果が発生する。しかし、イチゴの果皮は柔組織で形成されているので、果実に余剰な水分が流入しても裂けることなく膨れ、その分だけ糖度が低下する。

この時期にクラウン部を冷却すると、草勢の急激な伸びが抑制される。草勢が抑制されると、急激な吸水も抑えられるので、果実糖度の低下も軽減され、急激な品質低下を防ぐことができる。

4 湿度管理と「飽差」制御
―病害虫抑制と光合成向上

湿度管理は、病害虫防除と光合成向上の両面から考え方を整理する必要がある。病害虫の発生は、夜間の相対的な湿度を80～85％以下に維持することで、大幅に抑制できる。

光合成向上には飽差の制御が重要

光合成を向上させるためには、飽差（注）の制御が重要になる。光合成には、葉の気孔から炭酸ガスを植物体内に取り込まなければならない。

しかし、飽差が大きくなると気孔が閉じるので、植物体内への炭酸ガスの取り込み量が少なくなり、光合成量が低下する。飽差は、気孔の開閉、ひいては光合成に大きく影響している。

効率的に光合成をすすめるためには、外気からの炭酸ガス取り込みをスムーズにする飽差制御が重要であり、適正な飽差は3～6g／m³である。

〈注〉飽差とは、飽和水蒸気量に対する水蒸気量の差。つまり、ある温度と湿度の空気に、水蒸気がはいる空き容量がどれくらいあるかを示す指標である。単位は、空気1m³当たりの水蒸気の空き容量（g／m³）であらわす。植物の生育に適した飽差は3～6g／m³とされており、飽差が小さいほど水蒸気のはいる容量が少ないので多湿状態で、大きいほど水蒸気のはいる容量が多いので乾燥状態である。

適正な飽差は 温度と相対湿度から推定できる

飽差を知るためには、各温度の飽和水蒸気量をもとにして、温度と相対湿度（％）から飽差表（表5－1）で読み取る。最近は、飽差を自動的に表示するモニタリング装置もある。

一般によく使われている湿度計（相対湿度）でも、おおよそは把握できる。たとえば、ハウス温度が15～25℃程度の場合、適正な飽差（3～6g／m³）を相対湿度で読みなおすと、相対湿度70～90％程度に相当することになる。

イチゴの一般的な栽培管理温度である15～25℃の範囲であれば、測定が比較的容易な相対湿度を70～90％程度で管理すれば、適正な飽差条件の範囲内となり、イチゴの光合成に適した栽培環境であるとともに、病害虫を抑制する効果の高い数値とほぼ同じになるので、病害虫の発生も抑制できることになる。

飽差の厳密な制御はむずかしい

飽差の制御のためには、下がった飽差を上げるための過湿制御と、上がった飽差を下げるための除湿制御が必要になる。

しかし、実際のハウス内の飽差は、時々刻々と大きく変動するのが一般的である。したがって、飽差（空気中の水蒸気量）を一定に制御するには、加湿にはミスト発生装置、除湿にはヒートポンプなどを準備して、加湿と除湿を頻繁に制御する必要があるが、導入コストが高い。しかも、過湿と除湿の操作を日中頻繁にくり返すことになり、非常にムダの多い制御となる。

低温期の換気による湿度調節

気温が低くなるほど、含まれている水蒸気量は少なくなる。外気温が低いときに外気を取り込むと、取り込んだ外気の温度が上がることによって絶対湿度が低くなり、結果的にハウス内の空気は乾燥することになる。高くなった絶対湿度を下げる手段として、外気を導入することもひとつの方法である。

たとえば、外気温0℃のときの飽和水蒸気量が4・85g／m³で相対湿度100％の空気が、気温25℃になった場合の相対湿度は約21％（4・85／23・1：25℃のときの飽和水蒸気量）となり、かなり乾燥した空気が混入することになる。

その場合、換気孔に熱交換器をセットして外気を導入することで、ハウス内の暖まった熱が

表5-1　飽差表
相対湿度（%）と飽和水蒸気量から飽差を求める。アミ部分が適切な範囲
例：20℃のときの飽和水蒸気量は 17.3g/m³ である。20℃のときの相対湿度が 70%だった場合は水蒸気量が 12.11g/m³（17.3 × 0.7）なので，飽和水蒸気量から差し引いた 5.19g/m³（表では 5.2g/m³）が飽差となる

※飽差：1m³ の空気にあと○ g の水蒸気を含むことができる空き容量

飽差※ (g/㎥)	湿度（%）											
温度（℃）	40	45	50	55	60	65	70	75	80	85	90	95
8	5.0	4.6	4.1	3.7	3.3	2.9	2.5	2.1	1.7	1.2	0.8	0.4
9	5.3	4.9	4.4	4.0	3.5	3.1	2.6	2.2	1.8	1.3	0.9	0.4
10	5.6	5.2	4.7	4.2	3.8	3.3	2.8	2.4	1.9	1.4	0.9	0.5
11	6.0	5.5	5.0	4.5	4.0	3.5	3.0	2.5	2.0	1.5	1.0	0.5
12	6.4	5.9	5.3	4.8	4.3	3.7	3.2	2.7	2.1	1.6	1.1	0.5
13	6.8	6.2	5.7	5.1	4.5	4.0	3.4	2.8	2.3	1.7	1.1	0.6
14	7.2	6.6	6.0	5.4	4.8	4.2	3.6	3.0	2.4	1.8	1.2	0.6
15	7.7	7.1	6.4	5.8	5.1	4.5	3.9	3.2	2.6	1.9	1.3	0.6
16	8.2	7.5	6.8	6.1	5.5	4.8	4.1	3.4	2.7	2.0	1.4	0.7
17	8.7	8.0	7.2	6.5	5.8	5.1	4.3	3.6	2.9	2.2	1.4	0.7
18	9.2	8.5	7.7	6.9	6.2	5.4	4.6	3.8	3.1	2.3	1.5	0.8
19	9.8	9.0	8.2	7.3	6.5	5.7	4.9	4.1	3.3	2.4	1.6	0.8
20	10.4	9.5	8.7	7.8	6.9	6.1	5.2	4.3	3.5	2.6	1.7	0.9
21	11.0	10.1	9.2	8.3	7.3	6.4	5.5	4.6	3.7	2.8	1.8	0.9
22	11.7	10.7	9.7	8.7	7.8	6.8	5.8	4.9	3.9	2.9	1.9	1.0
23	12.4	11.3	10.3	9.3	8.2	7.2	6.2	5.1	4.1	3.1	2.1	1.0
24	13.1	12.0	10.9	9.8	8.7	7.6	6.5	5.4	4.4	3.3	2.2	1.1
25	13.8	12.7	11.5	10.4	9.2	8.1	6.9	5.8	4.6	3.5	2.3	1.2
26	14.6	13.4	12.2	11.0	9.8	8.5	7.3	6.1	4.9	3.7	2.4	1.2
27	15.5	14.2	12.9	11.6	10.3	9.0	7.7	6.4	5.2	3.9	2.6	1.3
28	16.3	15.0	13.6	12.3	10.9	9.5	8.2	6.8	5.4	4.1	2.7	1.4
29	17.3	15.8	14.4	12.9	11.5	10.1	8.6	7.2	5.8	4.3	2.9	1.4
30	18.2	16.7	15.2	13.7	12.1	10.6	9.1	7.6	6.1	4.6	3.0	1.5

温度（℃）	飽和水蒸気量（g/m³）
0	4.85
1	5.2
2	5.57
3	5.96
4	6.37
5	6.81
6	7.27
7	7.76
8	8.28
9	8.83
10	9.41
11	10
12	10.7
13	11.4
14	12.1
15	12.8
16	13.6
17	14.5
18	15.4
19	16.3
20	17.3
21	18.4
22	19.4
23	20.6
24	21.8
25	23.1
26	24.4
27	25.8
28	27.2
29	28.8
30	30.4

逃げるのをできるだけ少なくすることも、省エネの観点からは重要である。

なお、このような湿度制御は、フィルムで覆われているハウス内という、閉じられた空間に限られた手法である。当然ながら、夏場は開放状態になるので、この手法は使えない。

5 炭酸ガス施用

光合成と炭酸ガス濃度

イチゴの収量を向上させるには、昼間の光合成量を高いレベルで維持・継続することが必要で、それを実現するには炭酸ガス（CO_2）施用は有効な手段である。

しかし、炭酸ガス施用で、無条件に収量が多くなるわけではないことを理解しておく必要がある。

たとえば、イチゴ部会の平均収量に到達していない場合は、炭酸ガス施用を検討する前に、まず基本的な水分管理や温度管理などの栽培技術を検証して問題点を洗いだし、改善策を立てることが必要である。

そして、平均収量に達したあと、さらに収量の増加をめざす場合の有効な手段として炭酸ガス施用を検討する。つまり、基本技術がきちんと行なわれていなければ、炭酸ガス施用の効果

は期待できない。

ハウス内での炭酸ガス濃度の分布

・垂直分布の差はない

高設栽培では、0・9～1m程度の高さに栽培架台が位置されているシステムが多い。地表面から離れているので、炭酸ガス濃度も低くなると聞くこともあるが、高さごとの炭酸ガス濃度を測定すると、地表から3・4m近くの天井付近まで、濃度差はほとんどなかった。

これは、ハウス内での炭酸ガス濃度の拡散速度が、かなり大きいことが反映しているためである。

・水平分布のムラと対策

栽培ハウスの端に炭酸ガス発生装置を設置し、吹き出し口を対角線方向に向けている例が多い。この場合、10a規模での濃度の推移をみると、稼働していない夜間は位置による濃度差はほとんどない。しかし、昼間稼働させると、意外に拡散が速いものの、発生装置近くでは高めに推移する。

吹き出し口の温度は高いので、直接ダクトを取り付けることはむずかしいが、炭酸ガス発生装置を温風暖房機の吸気口に向かって熱風が発生するよう稼働するとともに、温風暖房機の送風機を稼働させることで、水平分布のムラを少なくできる（図5－8）。

図5-8　温風暖房機の吸気口へ向けた炭酸ガス発生装置の送風口
温風暖房機の吸気口にはミツバチなどの訪花昆虫の吸い込みを防ぐため，ネットで覆いをしている

高設栽培では土壌からの炭酸ガス供給は少ない

・地床栽培の半分程度の炭酸ガス濃度

毎年大量に有機物を施用している地床栽培では、微生物による有機物の分解によって、大量の炭酸ガスが土壌からハウス内へ放出されるので、光合成が始まる前の早朝に炭酸ガス濃度が1000ppmをこえていることが多い。

それに対して高設栽培では、架台を設置した後は、床面への有機物の継続的な施用ができない。そのため、地面からの炭酸ガス供給が少なく、早朝の最も高い時間帯でもハウス内の炭酸ガス濃度は500～600ppm程度にとどまって

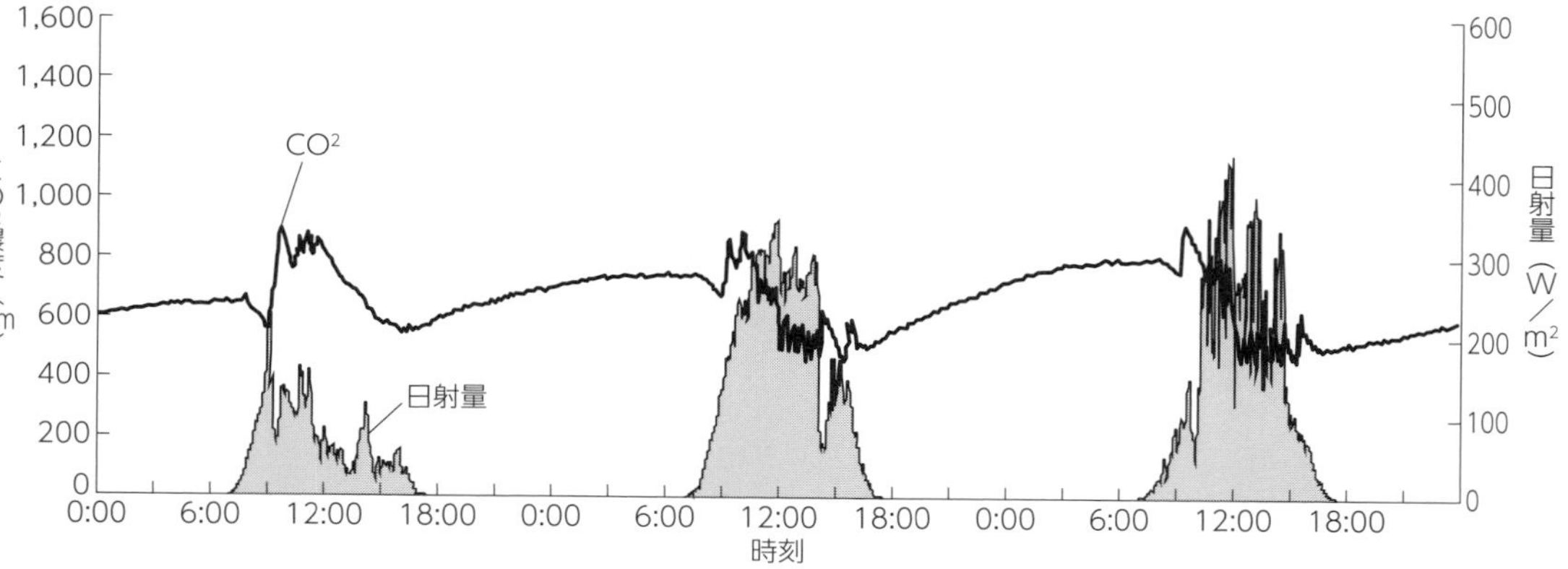

図5-9　高設栽培での炭酸ガス（CO_2）濃度，日射量の推移
夜間はCO_2濃度が徐々に増加し，朝方600～800ppm程度になる。日射が増加すると急速に濃度が低下するが，曇天日には濃度の低下程度が低い
Y氏ハウス　2015年12月26～28日，早朝施用＋任意施用

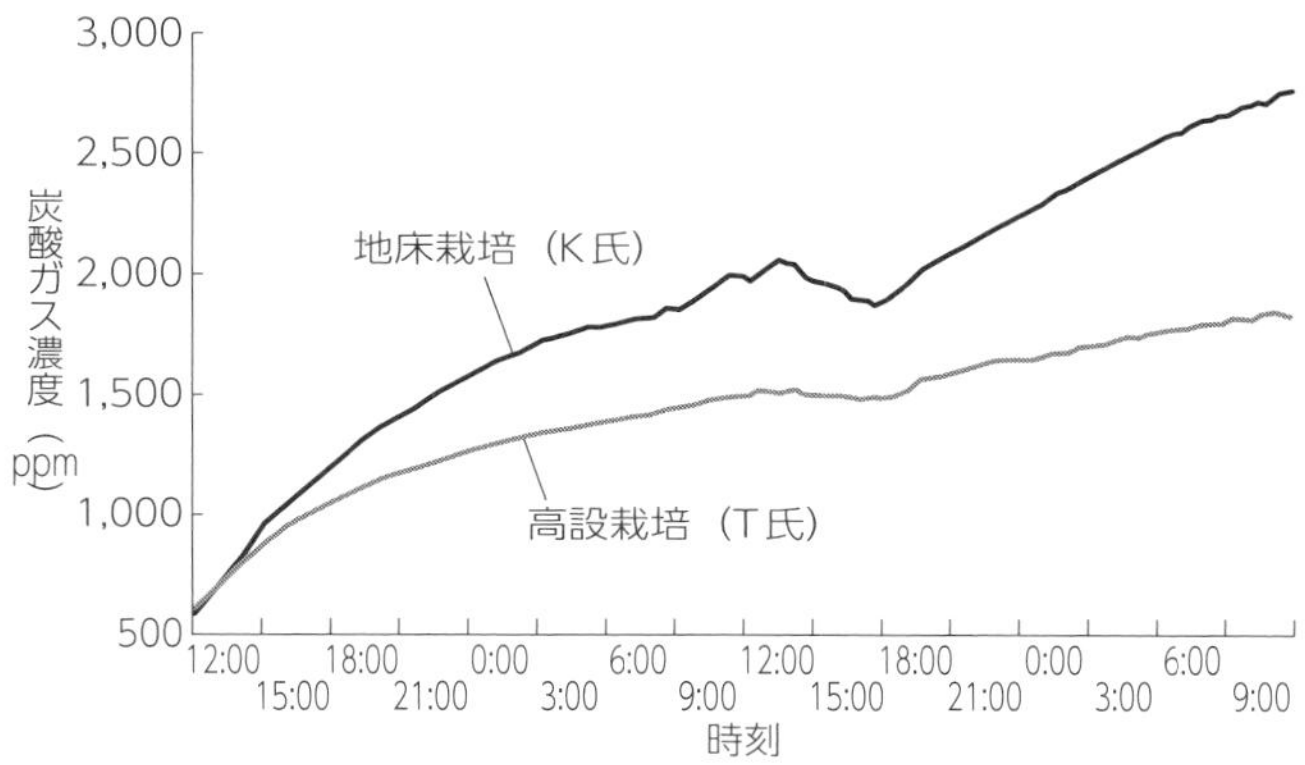

土中からの炭酸ガスをため込む簡易なチャンバー

図 5-10　地床栽培と高設栽培での土中からの炭酸ガス発生のちがい
写真の簡易なチャンバー内の炭酸ガス濃度は，土中の炭酸ガス濃度と平衡状態になるまで高くなる。高設栽培では 2,000ppm 程度，地床栽培では 3,000ppm 程度でほぼ平衡状態になると思われ，地床栽培では土中からの炭酸ガス供給がかなり大きいことが明らかになった

いることが多い（図５－９）。ハウス内の床面（土中）の炭酸ガス濃度も、地床栽培にくらべて低い（図５－10）。

したがって、高設栽培では、炭酸ガス施用は地床栽培より必要性が高い。

・地床栽培でも炭酸ガス施用効果は高い

地床栽培では、日射量が増えて、光合成による炭酸ガスの吸収が始まる直前のハウス内炭酸ガス濃度が最も高い。そして、光合成が盛んに行なわれる晴天の日は、空が明るくなって１～２時間程度経過すると、ハウス内の炭酸ガス濃度は外気と同じ４００ppmくらいまで低下する。ハウス内の炭酸ガスが、イチゴに急速に吸収されたのである。

このように、地面からの炭酸ガス放出量が多い地床栽培でも、昼間は地面からの供給量よりイチゴの吸収量がかなり多いので、炭酸ガス施用の効果は高い。

ビニルを締め切った状態では、夜間の炭酸ガス濃度は徐々に高くなるが、あまり上がらない場合は、ハウスのすき間から外部に漏れている可能性もある。その場合は、密閉状態を確認する必要がある。密閉状態を確保することによって、暖房の効率も上がる。

炭酸ガス施用の開始時期と切り上げ時期

炭酸ガス施用開始は、ハウスの被覆資材展張後、換気窓の開閉管理が必要な時期（おおむね11月中旬）以降である。

施用の切り上げ時期は、昼間の換気時間が閉まっている時間より長くなる時期（おおむね３月中旬）以降である。

効果的な炭酸ガス施用のポイントは、日中いかに高濃度の時間帯を長くするかにかかっている。

炭酸ガスの施用濃度の考え方

１０００ppm程度までは、濃度が高くなるほどイチゴに吸収される量が多くなる。しかし、それ以上になると、施用量に対する吸収量は大きく増えないので、現実的には施用濃度の設定は８００ppm程度とする。

積極的な施用効果を期待する場合は、８００ppm程度の高濃度をできるだけ長い時間施用する。こうすることで、イチゴに取り込まれる炭酸ガス量が増加し光合成量が増える。

しかし、日射量が多くなりハウス内の温度が上がると、側窓など換気窓を開放して換気することになる。換気することによって、施用した炭酸ガスがハウス外に流失して、高濃度を維持することができなくなる。

ムダな施用をなくすためには、換気している時間帯は、設定濃度を外気に合わせた４００ppm程度で管理せざるをえない。

昼間の気温が20~23℃程度になると換気を始めることが多いが、昼間の換気温度を２~３℃高めて25℃程度で管理すれば、必然的に換気している時間が短くなり、それだけ高濃度の炭酸ガス施用時間を長く維持することができるので、より高い施用効果が期待できる。

炭酸ガスの効果的な施用方法の検討

・早朝の高濃度施用の効果は期待できない

炭酸ガスの施用方法は、これまでタイマー制御による、早朝の日の出1時間くらい前から30分~1時間程度施用する、早朝施用が一般的であった。この方法は、光合成が始まる前にハウス内の濃度を高めておくという考え方である。

燃焼を開始するとハウス内は短時間で１０００ppm以上の濃度になるが、日射があると光合成が活発になり、ハウス内の炭酸ガスがイチゴに急速に吸収されて、１~２時間もしないうちに外気（４００ppm）以下の濃度になることがよく観察される。

ただ、早朝のハウス内の温度は10℃以下のことが多く、温度が低いため光合成速度が小さくなるので、なかなか施用効果が上がりにくかった。

・日中の間欠施用の効果は限定的

昼間の炭酸ガス濃度の低下に対応するために、タイマーを利用して一定の間隔で炭酸ガスを施用する、日中の間欠施用法がある。

ハウス内の炭酸ガス濃度は、晴天日に換気窓を閉めた状態では外気濃度（４００ppm）より低下し、炭酸ガスが飢餓状態になって光合成量が低下する。それを避けるため、日中に間欠的に施用して補給するという考え方である。

しかし、実際にハウス内の炭酸ガス濃度を継続して測定すると、晴天日はハウス内温度が上がり、早くから換気を始めることが多く、外気濃度を大幅に下回る時間帯はそれほど長時間にならないことが多い。

・施用濃度４００ppm以下なら換気中でもムダにならない

換気窓が開いた状態で燃焼させて炭酸ガスを施用すると、施用した炭酸ガスがハウス外に流れてしまい、ムダな施用になるということを聞くことがある。しかし、炭酸ガスは濃度の高いほうから低いほうへ拡散するので、炭酸ガス発生装置が稼働中であっても、ハウス内の炭酸ガス濃度が外気の濃度（４００ppm）より低い場合は、むしろ外気からハウス内へ流入する量が多くなる。

このように、ハウス内の濃度が外気より低い場合は、換気窓が開いている状態で炭酸ガスを施用しても、ハウス外に流れることはないのでムダな施用にはならない。

・濃度センサーと換気窓の開閉を連動した長時間施用が効果的

炭酸ガスの施用制御装置には、ハウス換気窓の開閉と連動しているものがある。換気窓が開くのを検知し、換気している時間帯は、外気と同程度の４００ppmに炭酸ガス濃度設定を自動的に変更できる機能のある機種である。この機種を利用することで、ムダのない効果的な炭酸ガス施用ができる。

日射があり温度も高い時間帯には、比較的高濃度（８００ppm程度）で施用することで、施用効果が高まる。ハウス内が一定以上の温度になり、換気が始まったら、外気と同じ４００ppmになるように濃度を設定する。こうすれば、外気以上の高濃度にはならないので、施用した炭酸ガスが、換気口からムダに外部に流れでるのを防ぐことができる。

炭酸ガスの施用位置の検討

・うね上からの局所高濃度施用は効果が期待できない

高濃度炭酸ガス（生ガス）を葉の密集したところへ施用し、葉からの吸収を促すために、うね上にチューブを配管し、そこからガスをだす局所高濃度施用法が行なわれることもある。この方法は、イチゴの群落内に高濃度の炭酸ガスが一定時間滞留し、そのあいだ気孔から大量に取り込まれるので施用効果が期待できるとされている（図5－11）。

しかし、炭酸ガスにかぎらず、ガスは濃度差が大きければ大きいほど拡散の速度が速くなる。たとえば、生ガスのような非常に高濃度（100万ppm）の炭酸ガスをうね上に施用した場合、ハウス内の濃度（約400ppm程度）との差が大きい（この例では2500倍の濃度差）ため、ハウス内全体に急速に拡散する。

しかも、イチゴの草丈は20～30cm程度で群落の容量（葉の占めている空間）は非常に小さく、葉と葉のすき間も広いので、施用した高濃度の炭酸ガスがすばやくハウス内に拡散する状況にある。したがって、炭酸ガスが一定時間滞留し、そのあいだに気孔から効果的に取り込まれることはあまり期待できない。

濃度差が大きくならないように、希釈した炭酸ガスを施用する方法もある。この場合でも、拡散速度は遅くなるが、群落内に高濃度の炭酸ガスを滞留させることはむずかしい。

図 5-11　点滴チューブを使った炭酸ガスのうね上施用の例

・生ガスはハウス上部の空間への施用が効果的

前項に対して、高濃度炭酸ガス（生ガス）を群落の頭上、すなわちハウス内の上部空間に施用した場合、ガスの拡散速度が速いので、それなりの施用効果が期待できる（図5－12）。

この方法であれば、床面施用のようなうねごとの配管ではなく、ハウス1棟に1列から2列程度の配管になるので、その分資材費も少なくてすむ。

・効果的な局所施用の方法

効果的な局所施用方法として、培養土とマルチフィルムのあいだの空間を利用した施用法を開発した。

培養土とマルチフィルムのあいだの空間に、点滴チューブなどを使って、希釈炭酸ガスを施用する方法である（図5－13）。

炭酸ガスがごくかぎられた空間に拡散し、マルチフィルムの植穴から放出され、株元から気孔のある葉裏を通過するときに葉面から吸収される。

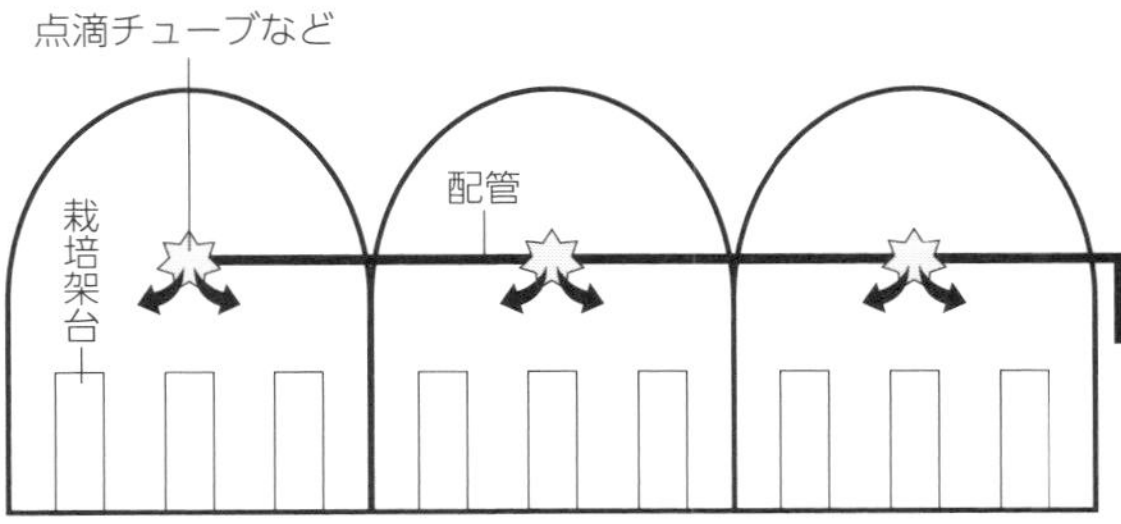

液化炭酸ガスボンベ

図 5-12　高濃度炭酸ガス（CO_2 生ガス，液化炭酸ガス）を使った施用法の例
炭酸ガスボンベから各棟中央に配管し，点滴チューブなどを使ってハウスの縦方向へ配置し，そこからハウス内へ施用する

また、ハウス内の炭酸ガス濃度が４００ppm以下と外気より低い場合は、外気をマルチフィルム下に導入することでも、炭酸ガス施用の効果が期待できる。この場合、外気を直接マルチフィルム下に導入すると、ハウス内温度が低下するおそれがあるので、外気導入用のパイプをハウス内の土壌中に埋設することで、低い外気温の影響を少なくできる（図５－14）。

さらに、外気を導入する方法は、微生物の活動によって培養土から発生し、マルチ下の空間にたまった炭酸ガスを、外気とともに植穴をとおして葉へ拡散させる効果も期待できる。

各施用方式の特徴と得失

施用方法として一般的なのは灯油燃焼方式であるが、プロパンガス燃焼方式を使っている例も多い。また一部では、炭酸ガスボンベを使った生ガス施用法や、ＬＰＧ（液化天然ガス）を使った方法も行なわれている。

・灯油燃焼方式

燃油燃焼方式の暖房機と同様な設置になる。ハウス外に設置した灯油タンクから、発生機までを送油管で接続している。

暖房機とちがうのは、拡散用のダクトが不要なことである。ハウスの片隅にあっても、発生した炭酸ガスはハウス内全体に拡散するので、専用のダクトは不要になる。

ただし、ガスを急速に拡散させるためには、温風暖房機の送風機能を活用し、発生装置の出口を温風暖房機の吸入口に向けて設置すると効果がある。

・プロパンガス燃焼方式

ハウスの天井付近に設置している場合が多い。ハウス外に設置したボンベから燃焼器まで配管をとおしてガスを供給する。

発生装置は比較的軽量なので、ハウス内の上部に設置することができる。

・生ガスの利用

生ガス（濃度１００％、１００万ppm）とは液化炭酸ガスのことで、炭酸ガスを耐圧性の高いボンベに封入している。ボンベを使うことで、液化炭酸ガスの移動が容易にできるが、コストが高いので、局所施用に使われている程度である。

しかし、局所施用に生ガスを使うと、ハウス内との濃度差が極端に大きいため拡散する速度が高まり、施用したとたんにハウス内に急速に拡散するので、局所施用の効果が得られにくい。

図 5-13　液化炭酸ガスのマルチ下への施用例
マルチフィルム下へ点滴チューブを配管し，マルチフィルムと培養土の空間に炭酸ガスを施用する。希釈された炭酸ガスが植穴から拡散する

外気を導入するエアーコンプレッサー

マルチ下への配管（上）と
チューブ設置（下）

図 5-14　マルチ下への外気導入例

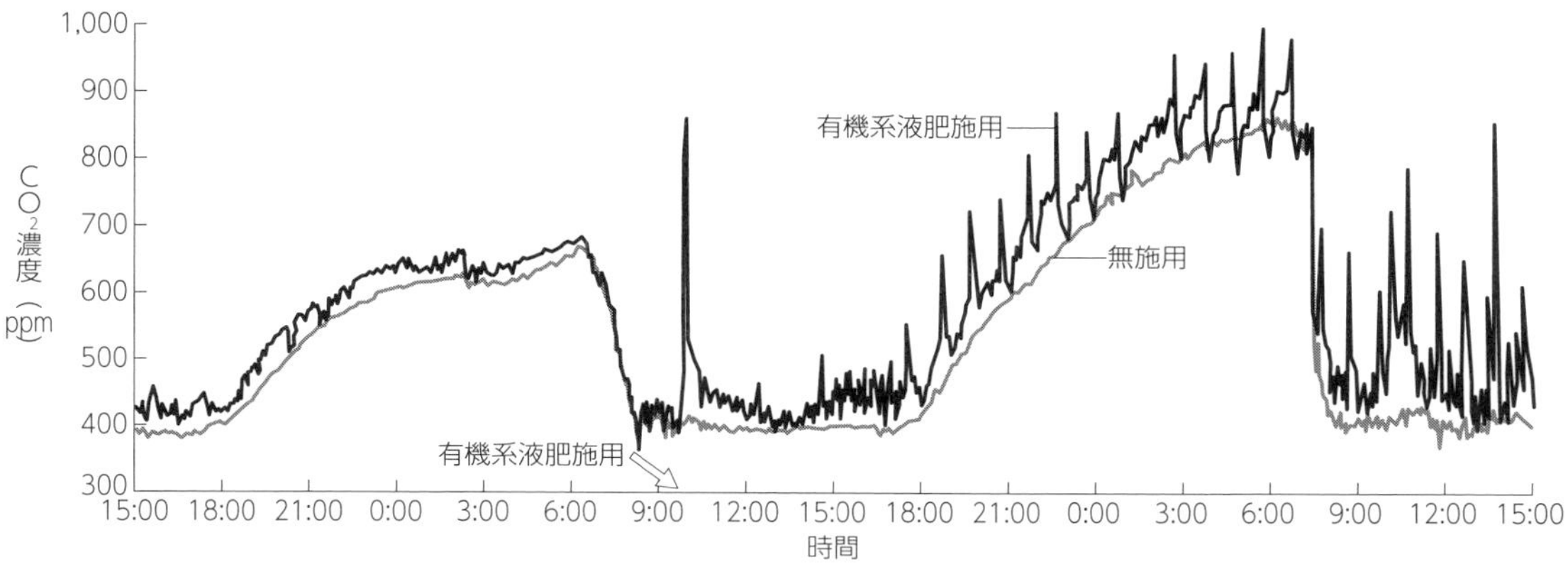

図 5-15　有機系液肥施用によるマルチ下の炭酸ガス（CO_2）濃度の推移
有機系液肥施用直後からマルチ下の CO_2 濃度が急上昇し，その後も高い濃度を維持した
ハウスの側面は昼間開放状態

容器内に土壌と測定器をいれ密閉する　　測定中の様子

図 5-16　土壌や液肥から発生する炭酸ガスの簡易な測定器具

外気を利用した炭酸ガス施用 ―温度低下には熱交換器で対応

日中のハウス内炭酸ガス濃度が４００ppmより大幅に低下した場合は、換気によって外気を取り入れるだけで、ハウス内の濃度を上げる効果がある。

この場合、厳寒期では低温の外気をいれることになるので、ハウス内温度が低下する問題がある。これへの対応は、本章４項「湿度管理と「飽差」制御」の項で紹介したように、外気を取り入れるときに、ハウス内部の熱と外部の熱を交換する熱交換装置を活用すれば熱損失は大幅に減る。

しかし、熱交換器は高価なので、導入にはコストに見合う効果があるかの検討が必要になる。

有機系液肥を利用した炭酸ガス施用

有機系の液肥を施用すると、培養土から発生する炭酸ガスが急激に増加する。これを利用して、炭酸ガスをイチゴの葉に供給する方法もある。液肥施用による土壌からの炭酸ガス発生は数日間つづく（図５－15）。

ただし、肥料の種類によって炭酸ガスの発生程度は大きくちがうので、数多くある有機系液肥のなかで、効果の高いものを確認して選ぶ必要がある。密閉した容器内へ液肥を封入し、発生する炭酸ガス濃度を測定することによって、効果の大小がおおよそ判断できる（図５－16）。

濃度調節はできないので、換気窓が開いている場合はムダな施用になるが、それでも施用コストは十分に安くなる。

6 データロガーの活用

温度、湿度など栽培環境データを記録

データロガー（data logger）とは、センサーによって計測・収集したデータを保存する装置のことで、パソコンで分析できるソフトウエアーもついていることが多い。（図5－17）。『現代農業』（「環境制御機器の自作に挑戦中！」2017年1月号170～175ページ　農文協発行）でも紹介された機器は20万～30万円で、1台でハウス内部と外部の温度、湿度、そして内部の炭酸ガス濃度や気圧、日射量など、複数要素を同時に測定し、データとして記録できる。そのほかにもいろいろな機種が市販されており、おおいに活用すべきである。

図5-17　データロガーはイチゴの群落内に設置する（炭酸ガス，温度，湿度測定用ロガー）

データロガーで取得したデータは、データロガー専用のアプリケーションを使うことで、グラフ表示などの操作が容易にできる。また、データはパソコンの表計算ソフトに取り込んで任意に加工することもできるので、エクセルなどの表計算ソフトに習熟することで、自分自身の意図に沿った解析もそれほどハードルは高くない。

最近はいろいろなメーカーからデータロガーが販売され、使いやすくなっており、測定したデータは大量であっても、すべてのデータを容易に記録できる環境が整っている。

さらに自分自身の栽培ハウスで測定したデータだけでなく、他の栽培ハウスのデータも、ネットワークなどを使えば容易に共有できるようになっている。

肝心なのは、データ解析を他人にまかせるのではなく、生産者自身がなにを解析したいのかという認識を明確にもって取り組むことである。そうすることで、はじめてデータが有効に活用される。

温度の測定とセンサー利用の注意点

・温度センサー利用で栽培の課題を明らかに

イチゴは1作の栽培期間が長いので、ほとんどの生産者は、昨年の同じ時期の温度の記憶はあいまいなのではないだろうか。しかし、同じ時期の温度の年次間変動を知ることは、生産性の向上に直結する。

たとえば、収量データは生産者の出荷日ごとのデータが記録されているので、収穫期間中の収量の増減や、年次による収量パターンを比較することが容易にできる。

そして、ある年次の収量や収量パターンが例年とちがう傾向を示したときに、生育や収量に大きく影響する平均気温や、腋芽の花芽分化時期の温度データが蓄積されていれば、原因を把握しやすくなる。温度データから栽培管理上の課題が明らかになり、それを解決することで安定した収量を実現できる。

たとえば、開花してから収穫までの日数は、積算温度（日平均温度×日数）でおおよそ推定でき、品種によって多少のちがいはあるが、約600℃・日程度である。このことを念頭にいれておけば、その年の収穫パターンが積算温度によって説明できるし、要因が温度なのかそれ以外なのかを判断することもできる。

・センサーの取り付け方法に注意
―同じ場所でも表示温度に大差

単独で使用する温度センサーは、内蔵電池で稼働するものが多いので、電源などの専用回線の配線が不要で、ハウス内での複数個所の測定も比較的容易にできる。

温度センサー利用で注意しなければならないのは、センサーの取り付け方法によっては、同じ場所でも表示温度が大きくちがってく

ることである。

気温を高い精度で測定するためには、センサー部分に直射光線が当たらない条件で、通風しながらの測定が必要である（図5－18）。

センサー部分に直射光線が当たると、気温ではなくセンサー自身の温度をとらえてしまうし、通風のない状態では停滞した温度をとらえることになる。直射光線の当たらない夜間の温度は比較的安定しているが、昼間の変動はけっこう大きな値になる。

ただ、常時通風しながら測定するには、ファンを取り付けた通風管や、ファンを稼働させるための電源や電源コードなどが必要になる。通風管なしで温度ロガーを利用する場合は、センサー部分に直射光線が当たらないように傘を取り付けることは、最小限の備えとして必要である。

図 5-18　温湿度センサーボックス（ニッポー社製）
常時ボックス内を通風した状態で温度，湿度を測定する。湿球用のガーゼは定期的（1 ～ 2 回 / 年）に取り替える

しかし、とくに昼間の温度は、センサー部分を遮光していても、通風しないで測定している場合は、温度が高めで推移することを意識しておく。

センサーを取り付ける位置は、使う目的によってちがうが、イチゴの生育との関連について把握するためであれば、群落（葉が繁っている空間）内に設置する。

湿度の測定とセンサー利用の注意点

湿度測定用ロガーがあれば、自動的に湿度の測定ができる。また、乾湿球温度計があれば湿度を読み取ることができる。

温度測定用ロガーが2個あれば、乾湿球温度計の原理を利用し、湿度も測定できる。1個の温度計のセンサーを、水タンク内にたらしたガーゼなどを巻きつけて常に湿らせ、気化熱によって低下した温度（湿球温度）を測定する。もう1個の温度計のセンサーは、普通に空気温度（乾球温度）を測定する。

乾球温度と乾球と湿球の温度差によって、前もって作成されている表から相対湿度を求めることができるし（表5－2）、エクセルなどの表計算ソフトを使っても計算できる。

温度（乾球）センサーは感度が経年変化することはあまりないので、測定値の信頼度も高く、長期間の使用に耐える。しかし、湿度センサーとして利用する場合は、貯水タンクに浸けた状態の吸水用のガーゼは、短期間で劣化しやすいので、少なくともシーズン始めには交換するようにする。

炭酸ガスセンサー利用・校正の注意点

炭酸ガス濃度のモニタリングも比較的安価にできるようになったが、炭酸ガスセンサーは感度が低下しやすく、部品の経年変化によって計測値がすこしずつずれる。そのため、常に測定機器の濃度校正をしながら使う必要がある。

低コストで校正するには、外気の炭酸ガス濃度が４００ppmであることを利用して、センサーを通気性のよい場所で外気にさらし、センサーの表示を４００ppmとして行なう方法（外気校正）がある（図5－19）。しかし、外気の炭酸ガス濃度は意外に変動が大きいので、この方法はあくまで簡易な校正方法として利用する。

とくに、暖房機の排気穴（煙突）の近くでは、かなり高い炭酸ガス濃度になるので、校正する場所は必ず通風のよいところを選ぶ。もちろん、作業する人の吐く息が当たっても反応し、高い濃度になるので、校正の作業は風下側に立って行なうようにする。

表 5-2　乾湿球温度計による相対湿度（表）
左辺の乾球温度と上辺の乾球と湿球の温度差から，相対湿度（%）を求める
たとえば，乾球温度が 15.0℃で湿球温度が 12.0℃の場合，乾球温度 15℃と乾球，湿球の温度差 3℃から相対相対湿度は 68%となる

乾球と湿球の示度の差（℃）

乾球の示度（℃）	0		1		2		3		4		5		6		7		8		9		10
0	100	100	80	80	60	60	40	40	21	21	3	3	0	0	0	0	0	0	0	0	0
1	100	100	81	81	62	62	43	43	25	25	7	7	0	0	0	0	0	0	0	0	0
2	100	100	82	82	64	64	46	46	29	29	12	12	0	0	0	0	0	0	0	0	0
3	100	100	82	82	65	65	49	49	32	32	16	16	0	0	0	0	0	0	0	0	0
4	100	100	83	83	67	67	51	51	35	35	20	20	5	5	0	0	0	0	0	0	0
5	100	100	84	84	68	68	53	53	38	38	24	24	9	9	0	0	0	0	0	0	0
6	100	100	85	85	70	70	55	55	41	41	27	27	13	13	0	0	0	0	0	0	0
7	100	100	85	85	71	71	57	57	43	43	30	30	17	17	4	4	0	0	0	0	0
8	100	100	86	86	72	72	59	59	46	46	33	33	20	20	8	8	0	0	0	0	0
9	100	100	86	86	73	73	60	60	48	48	36	36	24	24	12	12	1	1	0	0	0
10	100	100	87	87	74	74	62	62	50	50	38	38	27	27	16	16	5	5	0	0	0
11	100	100	87	87	75	75	63	63	52	52	40	40	29	29	19	19	8	8	0	0	0
12	100	100	88	88	76	76	65	65	53	53	43	43	32	32	22	22	12	12	2	2	0
13	100	100	88	88	77	77	66	66	55	55	45	45	34	34	25	25	15	15	6	6	0
14	100	100	89	89	78	78	67	67	57	57	46	46	37	37	27	27	18	18	9	9	0
15	100	100	89	89	78	78	68	68	58	58	48	48	39	39	30	30	21	21	12	12	4
16	100	100	89	89	79	79	69	69	59	59	50	50	41	41	32	32	23	23	15	15	7
17	100	100	90	90	80	80	70	70	61	61	51	51	43	43	34	34	26	26	18	18	10
18	100	100	90	90	80	80	71	71	62	62	53	53	44	44	36	36	28	28	20	20	13
19	100	100	90	90	81	81	72	72	63	63	54	54	46	46	38	38	30	30	23	23	15
20	100	100	91	91	81	81	72	72	64	64	56	56	48	48	40	40	32	32	25	25	18
21	100	100	91	91	82	82	73	73	65	65	57	57	49	49	41	41	34	34	27	27	20
22	100	100	91	91	82	82	74	74	66	66	58	58	50	50	43	43	36	36	29	29	22
23	100	100	91	91	83	83	75	75	67	67	59	59	52	52	45	45	38	38	31	31	24
24	100	100	91	91	83	83	75	75	68	68	60	60	53	53	46	46	39	39	33	33	26
25	100	100	92	92	84	84	76	76	68	68	61	61	54	54	47	47	41	41	34	34	28
26	100	100	92	92	84	84	76	76	69	69	62	62	55	55	48	48	42	42	36	36	30
27	100	100	92	92	84	84	77	77	70	70	63	63	56	56	50	50	43	43	37	37	32
28	100	100	92	92	85	85	77	77	70	70	64	64	57	57	51	51	45	45	39	39	33

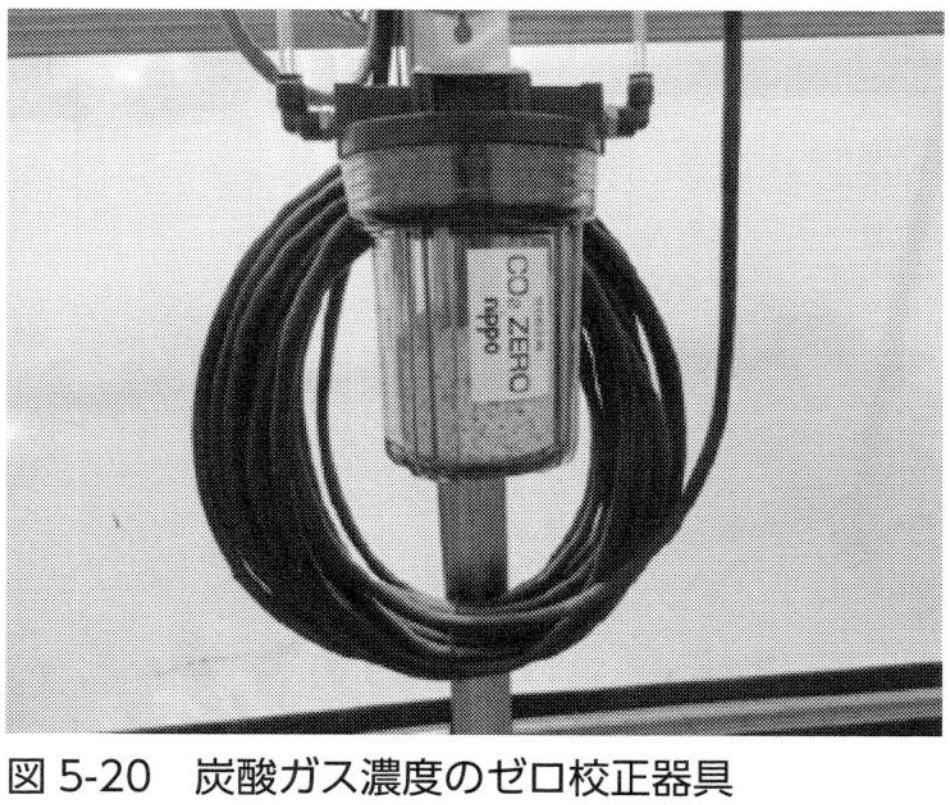

図 5-20　炭酸ガス濃度のゼロ校正器具
流路を切り替えてこの器具へ流して炭酸ガスを吸収させ，通過した炭酸ガス濃度を 0ppm として校正

図 5-19　炭酸ガスロガーの外気校正
風通しのよい場所に静置し，手順に沿って校正作業を行ない，そのあとで測定場所に設置する。校正する場所は，暖房機などの煙突付近は絶対に避け，できるだけ草や樹木が生えていない場所を選ぶ。また，作業中に息がかかると濃度が急速に上がるので，校正が終わるまでは近づかない

正確に校正するためには、所定の濃度で充填されている標準ガスを使う方法がある。この場合は、管理された場所で行なわなければならないので、センサーのメーカーに依頼して行なうとよい。

また、ニッポー社では、測定用の流路に一定間隔で定期的に炭酸ガスを流し、炭酸ガスを吸収する資材を使って炭酸ガス濃度0ppmの空気をつくり、センサーに流して自動的に校正する方法がある（図5－20）。この仕様はあつかいやすく、測定データの信頼性も高い。

センサーの取り付け位置と数

・センサーの取り付け位置

センサーの取り付け位置も重要であり、原則は植物体の近くに設置するのが望ましい。イチゴは草高（床面からイチゴの最も高い部分までの垂直の高さ）がそれほど高くないので、株元と先端との差が小さい。したがって、草高の中間の位置に設置すれば、地上部の平均的な場所のデータをとることができる。

なお、炭酸ガスセンサーは、炭酸ガスの拡散速度が大きいので、ハウス中央に設置してもハウス内での大きなムラは発生しにくい。

・センサーの数とハウス内環境の調整

センサーの数も重要である。一般的には、大きなハウスであっても、センサーはハウスの中央付近の1カ所のみのことが多い。この場合は、施設内の環境がほぼ一定であることを前提条件としている。

しかし、実際にハウス内の温度や湿度を測定すると、場所によって数値が大きくちがうことが多い。その原因は、暖房機との距離、温風ダクトの配置などが大きくかかわっているためである。

温度については、温度ロガーは比較的安価に入手できるので、内蔵のバッテリーで駆動する温度計をハウス内に分散して多数配置して、ハウス内の気温ができるだけ均一に近づくように、暖房用のダクト配置などを確認・調整しておく。

測定したデータの解析には、昼間、夜間の暖房機稼働の強弱に分けて整理すると、問題点が把握しやすくなる。

データロガーで取得したデータを解析するには

ロガーで取得したデータは、表計算ソフトを使うことでいろいろな解析ができる。肝心なのは、生産者がどのようなデータがほしいかを、明確に意識することである。

解析が苦手な人は、数人まとまって表計算ソフトをあつかえる人に依頼することも一つの選択肢である。それほどむずかしくない解析であれば、高校生や大学生でも十分にこなせる内容である。

7 肥培管理

固形肥料の局所施用を主体にしたい ―液肥は補完的に利用

イチゴの施肥管理には、常時一定の濃度の液肥を施用する方法や、固形肥料をベースに液肥で調整する方法がある。

ロックウールなどの無機質の培養土でなく、緩衝能のある有機質の培養土を使うことを前提にすれば、第3章でも述べたように、肥効の安定性やコスト面から固形肥料を主体に、液肥を補完的に使うのがよい。

根は施肥した部分に向かって能動的に伸びる機能があるので、固形肥料を局所施用しても施用効果が高い。固形肥料は徐々に培養土中に溶けだすので、イチゴの根が好みの濃度に向かって伸び、自己調整して吸収する。

EC（電気伝導度）の測定で追肥の判断

・EC値利用の注意点

土壌の肥料濃度を推定するために、ECを測定することが多い。EC値については、生産者自身が容易に測定できる機器が多く市販されており、土壌中の肥料濃度を推定するための簡単、迅速、安価な測定方法として普及している。

ただし、養液栽培とちがい、培養土のEC値と肥料濃度には、それほど高い比例関係にないことも理解したうえで利用する。培養土が同じ場合には数値の比較ができるが、培養土の素材がちがう場合や、原水の組成が大きくちがう場合は、数値を直接比較することは避けたほうが無難である。

同じ培養土で継続的に測定する場合は有効に利用できるので、追肥時期や量の判断は培養土のECを測定して行なうようにする。

なお、ECの測定値は、あくまで追肥判断の一つの材料として使うことが前提で、追肥時期の判断は測定データの推移や生育状況をみながら行なうようにする。

・EC測定のための土壌採取の方法 ―地床栽培とはちがう

EC測定のための土壌採取は、地床栽培と高設栽培では大きくちがう。地床栽培では根圏全体から採土することが不可能なので、表層の土を除いて5cmくらいの深さの土壌が対象になるが、高設栽培では根圏が栽培槽内に限定されているので、根圏全体のサンプリングが容易にできる。具体的には、表層から10cm程度の深さまでの培養土を採取して測定する。

土のEC測定は、乾燥したサンプルを所定量の純水（精製水）で希釈・撹拌した上澄み液で測定するので、それなりの手間がかかる。

・ECセンサーの利用

土中にECセンサーを挿入して測定できる器材がある。この器材は比較的精度が高く、場所や深さ別など多数の地点のEC値を迅速に測定することができるので、大いに利用するとよい。また経年劣化も比較的少ない。

・排液のEC値の利用

排液など液体のEC値は、肥料濃度と密接に比例するので、測定した数値を肥料濃度として取り扱っても大きな不具合はない。

排液のEC値は、養液の供給時間帯と測定時間、固形肥料主体か液肥主体かで排液のEC値は変動する。あくまで、経時的な変化を把握して判断する。

液肥の濃度と追肥のテンポ

液肥は希釈して使うが、倍率は養液のEC値で判断する。液肥は濃度とEC値は比例しているが、施用する場合には原水のEC値を加味する必要がある。原水のEC値は、場所や井水の深さや時期によって大きく異なる場合があるので、注意する。

植付け当初は、液肥のEC値が0・6mS／cm程度になるように希釈して施用する。そして、頂果房の出蕾時期以降は、0・7〜0・8mS／cm程度になるように希釈して施用する。

つまり、生育初期は初期生育や発根を促し旺盛にするため、やや低めのEC値で管理するが、出蕾・開花期以降は気温が低下し吸水能が低下するため、それを補うようにやや高めのEC値で管理する。

本書ですすめている、固形肥料と組み合わせて液肥を施用する場合は、追肥として2月までは月に2回程度、草勢が旺盛になる3月以降は最低でも週に2〜3回程度施用するとよい。

液肥の施用量は、第3章1項「栽培システムの選定と準備」や本章8項「培養土の水分管理」で述べている、日射比例方式でかん水として施用すればムダな施用が少なくなる。

日射比例方式のかん水では、日射量によって施肥量がかわることになるが、大きな問題はない。また、液肥を施用する時間帯と、原水を施用する時間帯を分けて管理するかん水制御装置もあるが、基本的には根の表層部分に常に肥料成分が存在するような状況が望ましいので、できるだけ液肥は常時流すようにしたほうがよい。

3月以降の肥料切れに注意

生育が旺盛になる3月以降は、肥料の吸収量が多く、一方元肥として施用した肥料が切れ始めるため、必然的に追肥を多く施用する必要がある。

　3月後半以降の肥料切れは、その後の収量に大きく影響する。しかし、この時期は地上部が繁茂していることや、マルチフィルムが床面に被覆されているので、固形肥料を施用するには手間がかかる。したがって、追肥には、施用の手間がかからない、液肥を点滴チューブで施用することになる。

　植付け時に、肥効調節型肥料を調整して施用すれば、中盤時期までは肥効が切れる心配はないので、数カ月間の長期の肥効が期待できる。しかし、イチゴ栽培では、3月以降に草勢が急速に旺盛になり吸肥量も急速に高まるので、植付け時の肥効調節型肥料の施用だけで、生育後半の肥効維持を確実に行なうのはなかなかむずかしい。

　したがって、3月以降の肥料切れにはとくに注意が必要で、前項で述べたように、最低でも週に2～3回の液肥の施用を行なう。

固形肥料を追肥する位置

　なお、固形肥料で追肥を行なう場合、生育後半には根群域が大きく広がっているので、株ごとに固形肥料を施用する必要はない。数株おきに施用しても、生育のムラにはつながらない。

　用いる肥料は、窒素とカリを主体としたものとする。

8 培養土の水分管理

適正なかん水とは

・安定した土壌水分管理は蒸散量に対応したかん水量で

　イチゴの蒸散量は日射量にほぼ比例しており、日射量が少なくなる日没1～2時間前から日の出後1時間くらいのあいだはほとんど蒸散しない（図5－21）。そして、生育後半の4月以降は、快晴日と雨天日では日射量に10倍程度の差があり、蒸散量もそれに比例して大きくかわる。

　土壌水分は、葉からの蒸散量によって変動する。適正な水分量（率）を維持するためには、蒸散によって少なくなった水分を、昼間の頻繁なかん水によって補給することが必要で、これが変動の少ない水分管理法になる。この方法が、第3章1項「栽培システムの選定と準備」で紹介した、積算日射量をもとにかん水のタイミングを自動的に制御する方法で、日射比例方式という。

　なお、地床栽培では、毛管現象によって下層から潤沢な水分供給が持続しているので、蒸散量に合わせた水分供給の必要性はそれほど高く

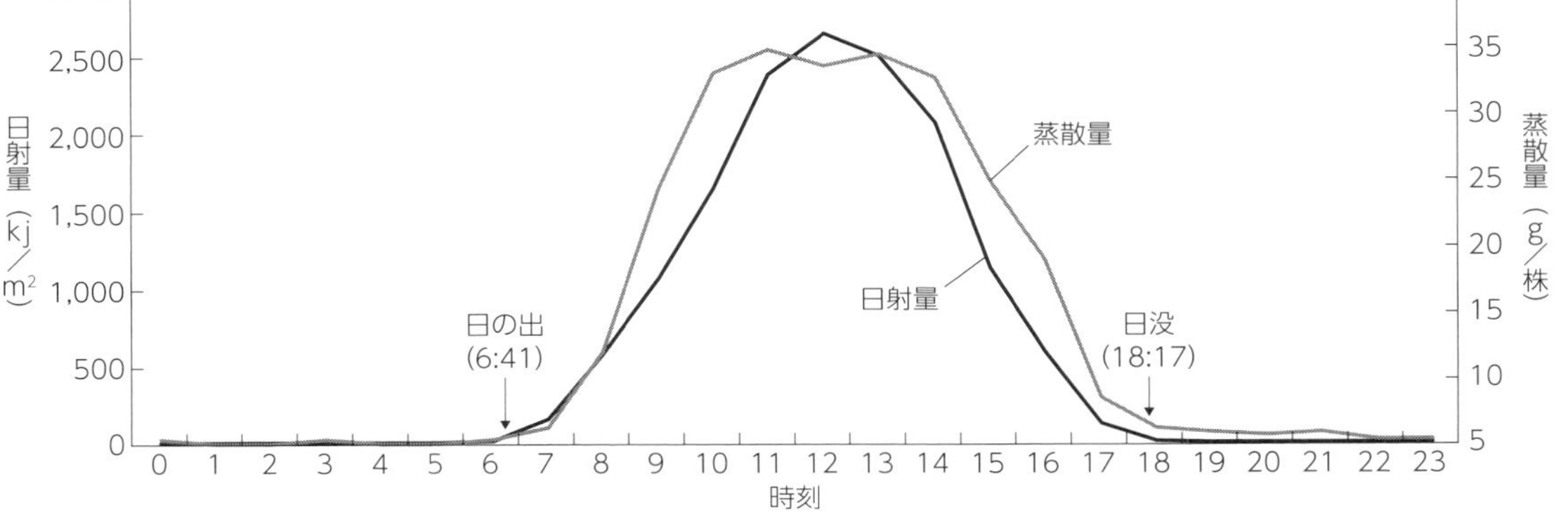

図 5-21　春期の日射量と蒸散量の日変化（2019 年 3 月 5 日，福岡県，‘かおり野’）
昼間の日射量と蒸散量の推移は密接に関連しており，日射が始まると蒸散量は日射量に応じて多くなる。
夜間の蒸散量は非常に少ないが午前 0 時以降夜明けに向けて高くなる傾向がある

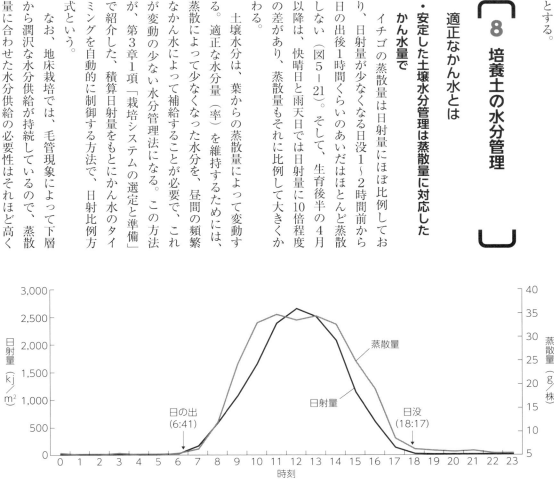

ない。

・経験則やタイマー制御では蒸散量に対応できない

しかし、実際のかん水は、経験則による手動かタイマー制御によるかん水がほとんどで、蒸散量に対応したかん水になっていない。タイマー制御では蒸散量に対応したかん水はできないので、土壌水分量の変動が大きく、必要な時期に水分が不足したりムダなかん水も多くなる（第4章図4－8参照）。

地床栽培にくらべて、高設栽培の収量が少ないことを指摘されることが多い。こうした事例の時期ごとの収量をみると、前半（2月まで）の収量には大きな差はないが、3月以降の収量に大きな差がつくことが多い。これは、3月以降急速に増加する蒸散量に、水分供給が追いついていないことが大きく影響している。

下層からの水分供給が間断なくある地床栽培にくらべ、下層からの水分供給がない高設栽培では、培養土水分の過不足が、生育の停滞とそれに起因する収量の伸び悩みの大きな要因になっている。

・排液率より土壌中の養水分量が問題
―排液率のバラツキも大きい

かん水量に対する排液量の割合（排液率）を、かん水の基準にすることもある。この場合、株の生育が均一で蒸散量が一定しており、かつ点滴チューブからの給液量が均一であることが前提になる。しかし、実際にはそれぞれの要素にかなりのバラツキがあり、それによって排液量が左右されるので、排液率をかん水の基準にすることはあまり適切ではない。

イチゴの収量を安定的に確保するためには、排液率が高くなってもよいので、土壌中の養水分量が常に十分にあり、変動も小さいことが重要である。水分供給が一時的に多くなっても、培養土や栽培槽からの排液がスムーズに行なえれば、土壌中の水分量の変動を小さく保つことができる。したがって、安定した水分状態を保つことができる栽培架台の構造や、培養土の選定が設計段階で重要になる。

・給液量と排液量から蒸散量を把握してかん水

架台の給液側に量水計、排液（栽培余剰水）側に排液量を測定する器材を取り付けることによって、日々のイチゴ株からの蒸散量を把握することができる。

給液量と排液量を把握することで、その差から、日々のイチゴ株からの蒸散量（ごく一部は土壌からの蒸発量）を把握できる。そして、蒸散量をかん水で補給すれば、培養土の水分は一定量を維持できるので、安定した土壌水分管理ができる。この方法は、蒸散量は日射量と密接な比例関係にあるので、日射量に比例したかん水管理でもある。

なお、摘葉などを行なっても、短期間内であれば、蒸散量への影響は意外に少ない。

・排液率は3割程度がよい

排液率（供給量に対する排液量の割合）は、少ないほうが当然ムダのないかん水になる。しかし、かん水量が少ないと、架台内の土壌の水分状態にムラがでる。それを防ぐには、排液率を少なくとも3割程度にとどめるのがよい。

・かん水の開始、終了時間について

晴天日では、日の入り2時間前から、翌朝の日の出1時間後まではほとんど蒸散がないので、このあいだはかん水の必要がない。

かん水の開始時間や終了時間を、早すぎたり遅すぎたりすることのないようにして、ムダなかん水を少なくすることも大切である。

テンシオメーターやセンサーの利用

・テンシオメーター利用の注意点

土壌水分の監視（モニタリング）のために使いやすい器材に、テンシオメーターがある。土壌水分を比較的正確に反映しており、タイムロスもほとんどなく、値段も比較的安価で入手しやすい測定器である。

テンシオメーターを使った水分管理では、pF値を指標にする（pF値が小さいほど土壌の水分量が多く、大きいほど乾燥している）（図5－22）。

テンシオメーターを設置する場合には、セラミック製のセンサー中心部が栽培槽の中間の位置になるように設置し、動きにくいように、支持用の機材で固定しておく。

テンシオメーターは、土壌が乾燥してくると管内の負圧が大きくなり、測定器内の水から空気が気化してくる。管内の空気量が多くなるとセンサー感度が鈍くなるので、管内の上部にたまっている空気が多くなったら、水分を補給する。

あらかじめ水を沸騰させて、水中の空気を抜いた脱気水を使うようにすれば、水分補給頻度が少なくてすむ。

セラミック製のセンサーは、目詰まりなどによって感度が徐々に鈍くなるので、2〜3年でセンサー部分だけを取り替えるようにする。

・pF1・0〜1・2を目安にかん水開始

pF値をもとにしたイチゴの土壌水分管理では、pF1・8をかん水開始とし、圃場容水量の下限であるpF1・5まで下げる例が多いが、これはあくまで地床栽培の基準と考えたほうがよい。高設栽培では、pF1・8を目安に管理すると水分不足気味になる。

高設栽培での適正pF値は1・0〜1・2程度で、これより数値が高くなったころを目安にかん水する（図5−23）。

地床栽培では、毛管水によって、常に土壌下層部から上層部へ継続的な水分供給があるうえ、根圏も大きく、深くまで伸長した根によって必要な水分が確保できる。しかし、高設栽培では毛管水による下層土からの水分補給がないので、継続した適正なかん水管理ができないと、土壌水分不足になる。

ただ、高設栽培でも生育中期以降は根圏が横に広がるので、局所的に水分不足になっても、すぐに萎れたり枯れたりすることはない。一時的にテンシオメーターが振り切った（pF2・6以上）状態になっても、イチゴがすぐに萎れることはないが、生育は停滞気味になり、水分不足は収量にも大きく反映する。

土質によってちがうが、一般的には土壌中の適正な含水率（乾土に対する水分量）は40％程

図 5-22　テンシオメーターと設置状況

草勢が適正な場所のテンシオメーター指示値（pF 値〈外側の数値〉: 1.2）

生育が停滞している場所のテンシオメーター指示値（pF 値〈外側の数値〉: 2.5 <）

図 5-23　テンシオメーターを使った土壌水分の測定事例
pF 値が高くても，生育停滞はするが萎れない

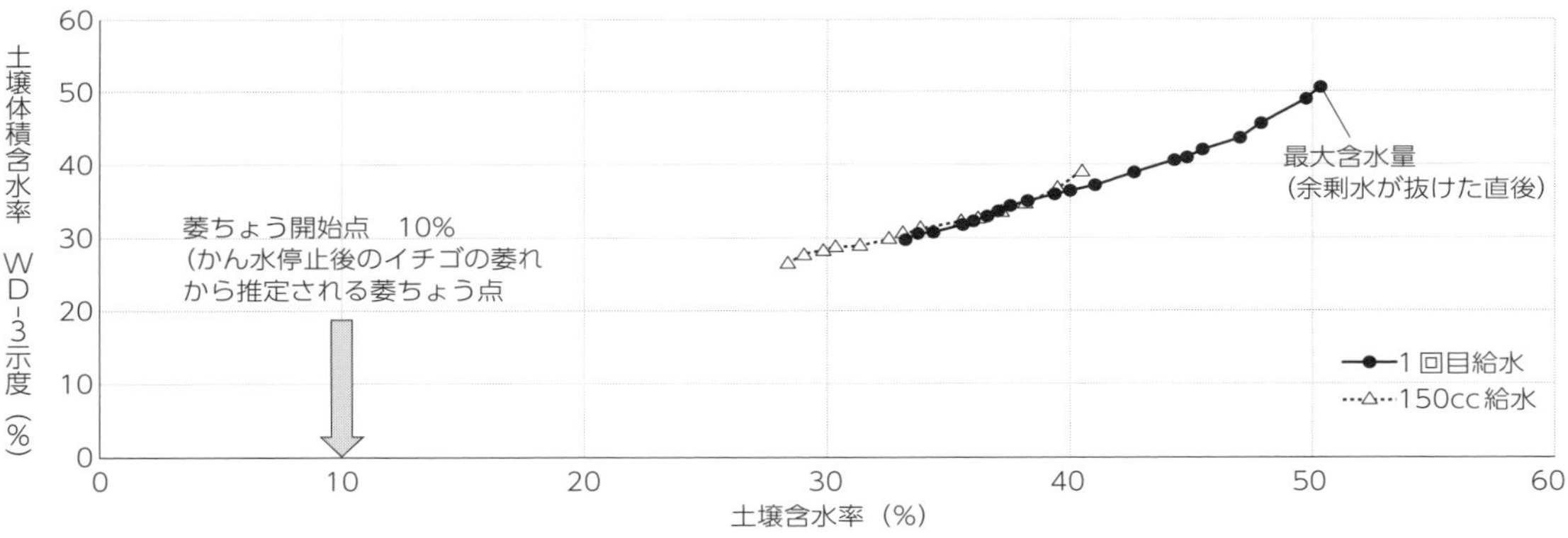

図 5-24　土壌含水率（乾土に対する水分量）と土壌水分測定センサー（WD-3，体積含水率）示度の関係および萎ちょう開始点

乾物当たりの最大含水率は 50.5%である
含水率と WD-3 の示度の関係は密接に比例しており，土壌含水率が 30 ～ 40%の場合に，WD-3 の指示値は 29 ～ 36%の範囲内であった

度で、これより多少低くなっても地上部の生育状態の変化はみためではわかりにくい。さらに低下して、10%を切るようになったころ、地上部に萎れがみられるようになる。

含水率が低下するにしたがって徐々に生育が停滞し、適正な含水率から萎れるまでの含水率には大きな差があるが、土壌水分の適否はみためでは判断できないことが多い。しかし、テンシオメーターは、土壌水分含水率が30%を切るころから測定不能なpF2・6以上の領域になる。したがって、できるだけテンシオメーターなどを利用して、適正な土壌水分を維持するようにする。

なお、図5－24に示したように、土壌含水率と土壌水分計（土壌水分測定センサー〈WD－3〉）の指示値が密接に比例しているので、土壌水分計で土壌水分含量を測定することもできる。

・土壌水分センサー利用での注意点

その他、高価であるが、リアルタイムで測定できる土壌水分センサーもある。しかし、センサーだけでは数値を把握することができないので、解析用アプリケーションやロガー（記録計）も必要である。

また、実際に使用すると、同じ土壌水分量でも土壌センサーによって測定値がちがうことが多い。あくまで、土壌水分の変化を把握する目的で、同一カ所で継続的に測定するようにする。

架台ごとにかん水量の差がでないよう事前に調整する

地床栽培では、地下部からの毛管水による供給もあるため、かん水量が不均一でも、ハウス全体の土壌水分含量はかなり均一に維持されている。しかし、高設栽培では栽培余剰水は架台外へ流失するので、過不足分が補われることがなく、均一化することはない。水分を供給する開閉弁の開度によって、架台ごとの給水量に差がでやすく、土壌水分が不均一になりやすい。

架台ごとの給水量の差が発生しないようにするには、開閉バルブなどを使い、前もって架台ごとのかん水量を調整する作業が欠かせない。

実際には、点滴チューブの張り具合や点滴穴からの水の出具合を、目でみながら調整作業をしていることが多い。しかしこの方法では、架台ごとの給液量を精密な測定機器で測定すると、架台によって大きくちがうことが多い。とくに、高低差のある架台では、高さによる水圧のちがいから給液量に大きな差がでる。

給液量を調整しないで栽培すると、架台ごとにイチゴの生育量に大きな差がでて、結果的に全体の収量が低下する大きな要因になる。

植付け直後の散水方式から、点滴かん水方式にかわるまでに、架台ごとのかん水量を微調整する必要がある。方法は、一斉に点滴かん水したのち排液量を把握し、それにもとづいてバルブを調整するのがてっとりばやい。といっても、多くの架台を一つずつ調整するので、けっこうな手間がかかる。

最近、給液用のパイプを切断することなく、流量が測定できる機器も販売されている。実際に使ってみると、測定精度はかなり高く、それを活用することで、架台間のかん水ムラを精度高く調整することができる（図5－25）。

図5-25　配管の外側に取り付ける流量計
ドライバーだけで取り付けができるクランプオン式流量計（キーエンス社）（右の数値が流量：30.0ℓ／分）

9 電照管理

電照でめざす草高は30～40cm

電照の一番の目的は、厳寒期でも草勢を維持することである。草勢を維持することで葉が大きくなり、葉面積を確保するとともに、新葉の出現速度を安定的に維持できる。

具体的には、草高（地表面～地上部最高位置までの高さ）を所定の高さに維持することで、出葉速度が維持できる。出葉速度が維持できれば、次果房の出現が早くなり、結果的に連続した収穫が実現する。

適する草高は品種によってちがうが、おおむね30～40cm程度の維持をめざす（図5－26）。

図5-26　電照栽培時の草高
電照によって草高を30～40cmに維持する

電照が効いていない？

電照しても芯葉が立ち上がらない場合があり、電照が効いていないと判断されることも多い。しかし、本章3項「クラウン温度の制御」でも述べたように、芯葉の伸長にはクラウン部の温度が大きく影響し、クラウン部の温度が低いと芯葉の立ち上がりが非常に鈍くなる。

イチゴは電照に感応していても、温度が低いために芯葉が動けない状態になっていると考えられる。こうした株のクラウン部を、電熱線などを使って20℃くらいに加温すると、数日のうちに芯葉が勢いよく立ち上がってくる。電照は効いていた（感応していた）が、クラウンの温度が低くて芯葉が動けなかったのである。

現場では、電照していても、新葉がまったく伸びていないハウスをよくみかける。原因として、着果負担や電照時間の短さなどが言及されることも多いが、温度の影響が最も大きい。クラウン温度が低いため、電照しても葉柄や葉が伸長できない状態にある。

この現象は12～1月ころに多く発生する。ハウス内の気温は栽培期間をとおして最も低くなる時期で、クラウン部の温度も低い状態にあるためである。

生育に対する電照効果を判断するには、イチゴが電照に感応しているかどうかと、感応した芯葉が伸長できる環境にあるかどうかを、それぞれ別々に見極めて判断する必要がある。

白熱灯かLEDランプか

電照用のランプは白熱灯が一般的であるが、

LED（右は制御盤）
8.5W/ 球
必要な電気容量　20A/20a

白熱灯（右は制御盤）
75W/ 球
必要な電気容量　75A/10a

図 5-27　電照用の LED と白熱灯との比較

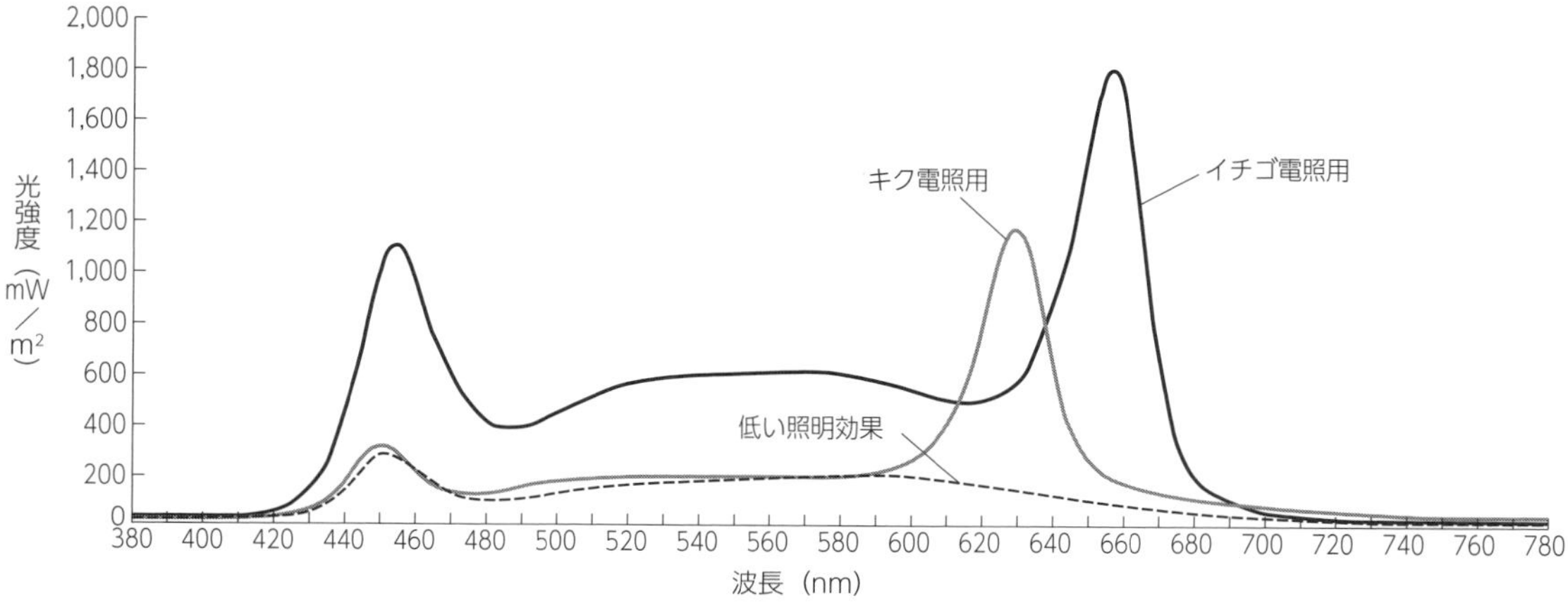

図 5-28　電照用 LED のスペクトル（380nm ～ 780nm，短いほうから紫外線，可視光線，赤外線と呼ばれる）
3 球とも白色にみえるが，波長ごとの透過光強度は大きく異なる。イチゴは波長の長い赤色の透過光強度の高いものが適している

最近では、消費電力がかなり少ないLEDランプも使われ始めている。販売されている電照用LEDランプには、ピンからキリまで多数あり、価格はもちろんのこと光の質も大きくちがう（図5−27）。

どのLEDランプも白色にみえることが多いが、波長ごとの光量を測定すると大きくちがう。イチゴの電照用LEDランプは、透過光のスペクトルは赤色が主体で、同じ電力量でも光量の多いものを選択する（図5−28）。実際の選択では、イチゴの電照栽培で効果が確認できているランプを選択するのが無難である。

LEDランプの寿命は、おおよそ3万〜4万時間程度とされており、一般的なイチゴの電照栽培の使用時間で単純に計算すると、100年は使えることになる。

消費電力は、慣行の白熱灯では1球が75〜90W程度なのに対して、LEDでは1球が9W程度と大幅に少ないので、電気料金の節約には非常に有効である。

一般的なハウスでは、必要な電球数は10a当たり100〜150球程度になるが、白熱灯では、1球75Wとすれば消費電力は75〜113A程度になる。しかし、LEDランプでは、1球9Wとすれば9〜14Aですむので、ランニングコストは大幅に少なくなる。

一方、現状では1球当たりの導入コストは、白熱灯にくらべてLEDはまだかなり高い。既存の白熱灯用の配電盤を使う場合は、電球代だけのコストになるのでLEDに入れ替えることのメリットは小さい。しかし、配電盤などの電照設備を含めて新規に設置する場合は、LEDのほうが格段に安価になる。

電照の開始と終了の判断
—新葉の伸びで行なう

電照の開始時期は11月中旬以降になるが、最終的な開始時期の判断は、芯葉の伸びをみながら行なう。芯葉の伸びに関係するのは、着果負担や温度である。

現状は、電照開始時期を、生育しているイチゴの葉長（葉柄長＋葉身長）をみて判断することが多い。葉長が生育の進行にともなって徐々に短くなるのであれば、ある時期の葉長をみて、電照開始時期を判断することができる。しかし実際には、各葉位の葉長は徐々に変化するのではなく、ある時期から急に短くなるので、電照開始時期をそれまでに出現している葉の長さで判断するのはむずかしい。

小葉が完全展開している葉は、それ以降、葉身や葉柄が伸びることはない。芯葉が完全に展開した状態で、葉長が10cm以下であれば、その葉を含めてその後出現する葉長はそれ以上には伸びないので、電照開始のタイミングとしては遅い。逆に、未展開の芯葉の葉長が10cm以上あれば、この葉はこれまでと同じように伸びる。

したがって、電照開始のタイミングは、完全展開する前の芯葉の葉長で判断し、10cm以下であれば電照を開始する。

電照終了は、2月中旬以降が目安になる。未展開の芯葉の葉長が、10cm以上に伸びだしたら電照を終了する。また、果房が急に伸びはじめた時期も、終了の判断材料になる。

促成栽培では、3月中旬以降は気温の上昇と日長が長くなるので、休眠明けの状態になり、電照がなくても草勢が大きくなるので、この時期以降の電照は不要になる。

効果的に電照するための注意点とランプの密度

1日の電照時間は2時間程度とする。電照時間は、夕方や早朝に開始する日長延長方式と、深夜に点灯する暗期中断方式がある。電照の効果は、真夜中に2時間程度点灯する、暗期中断方式が安定している。

電照の効果がみられない場合、点灯時間を長くすることも行なわれているが、実際には点灯時間を長くしても効果は期待できない。

先に述べたように、電照の効果は、クラウン温度を高くすることで顕在化する。日の出前や日没からの点灯では、点灯している時間帯の気温が大きくちがうが、点灯時間帯の気温が電照効果に直接的に影響することはない。

ランプの間隔は2・5m程度にして、最もランプから遠い場所でも、葉の高さで50lx以上になるようにランプの高さを調整する。

一棟当たりの配線数は、一般的には、間口が5m以下のハウスであれば1条、7m程度のハウスであれば2条、それ以上間口が広い場合には3条とする。

10 受精のための訪花昆虫の利用

欠かせない訪花昆虫の利用

イチゴの施設栽培で、形の整った果実を生産するためには、一つの花についている数百個の雌しべにまんべんなく花粉をつけて、それぞれの雌しべを受精させる必要がある。

人手による受粉作業や、風媒や震動でも受粉させることができるが、相当な手間がかかる。しかも、イチゴは、一時期で終わる果樹とはちがい、開花の始まる11月から収穫の終わる4～5月まで半年にもおよぶ。

長期間多くの花を安定的に受粉させるためには、訪花昆虫の利用は欠かせない。

人工受粉も必要になる

しかし、開花始めのころはどうしてもミツバチの導入が遅れ気味になりやすく、ミツバチが訪花活動を始めるまで、人工受粉が欠かせない。これを怠ると、大果で単価の高い時期に不受精による奇形果が発生し、経営的には大きな打撃になる。

また、導入した訪花昆虫の活動が低下した場合、代替の訪花昆虫を導入するが、注文してから納品まで数日~1週間程度かかるので、そのあいだは人工受粉が欠かせない。

人工受粉は、柔らかい刷毛などを使って、花の表面を柔らかくかき回すようにして、雄しべの花粉を雌しべにまんべんなくつけるように行なう（図5－29）。刷毛を電動歯ブラシなどに固定して使用すれば、効率よく受粉できる。

ただし、花粉が濡れると発芽能力がなくなるので、ガクなどについている溢液など、花のまわりが乾いたあとで行なう。

ミツバチ

・コスト面から最も効果的な訪花昆虫

ミツバチは、上手に使えば、半年程度の開花シーズン中入れ替えることなく使えるので、コスト面から最も効果的な訪花昆虫である。

10a当たりの頭数は、6000~8000匹入りの巣箱、1箱程度が目安になる。しかし、ミツバチがなんらかの原因で飛ばなくなり、シーズン途中で箱を入れ替える例も多い。

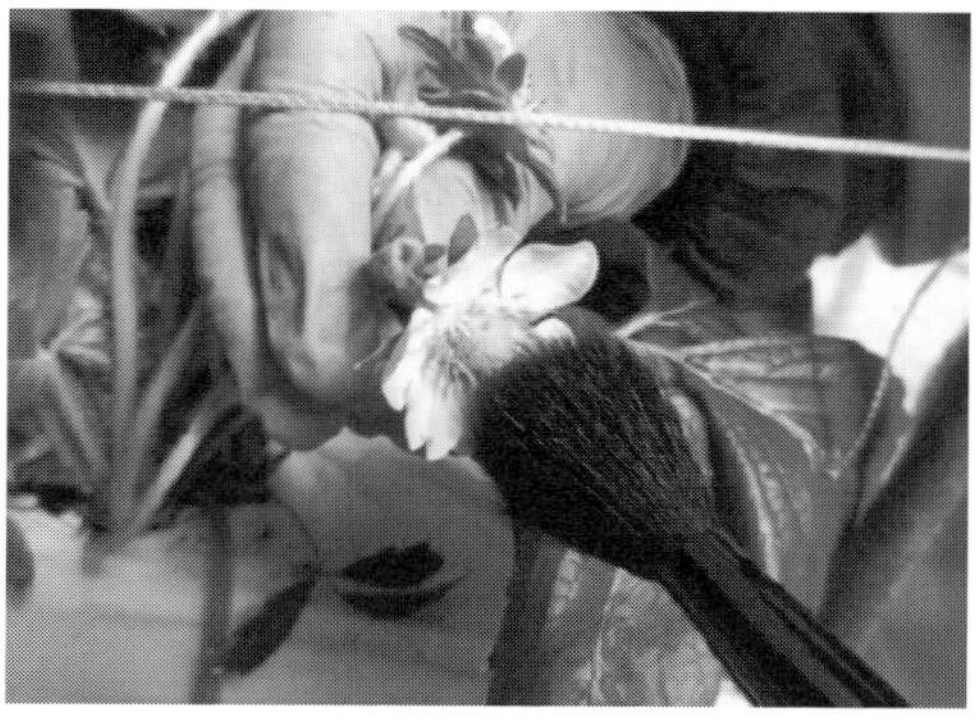

図5-29　刷毛による人工受粉

養蜂家だけでなく、イチゴ生産者自身もミツバチの飼養管理に注意をはらうことで、シーズンをとおしてミツバチを元気な状態で維持することができる。それが、結果的に奇形果の少ない果実を、収穫終了まで生産することにつながる。

・訪花活動の継続にはストレスのない環境の維持が大切

ミツバチは紫外線しか感知できないので、天井フィルムや保温用のカーテン、あるいは遮熱対策として展張する資材や塗布剤について、紫外線の透過特性を事前に確認しておくことが不可欠である。

ミツバチが一つの花をまんべんなく受粉させるには、開花している期間中に十数回訪花しなければならない。訪花回数がそれ以下だと、雌しべの不受精による奇形果が発生しやすくなる。

働きバチが巣箱の外にでて訪花活動するのは、羽化後3週目から2週間程度で、その後は自然死する。半年以上にわたって訪花活動を継続するには、自然死した働きバチを常に補うことが不可欠で、そのためには女王バチが継続して産卵をつづける必要がある。

放飼期間中に女王バチがストレスを感じると産卵を停止するので、受粉作業がとどこおり、不受精による奇形果発生の原因になる。開花期間中をとおして、女王バチがストレスを感じることが少ない、巣箱環境を維持しなくてはならない。

・巣箱の温度対策は欠かせない

ミツバチの訪花活動が盛んになる温度は、15~25℃程度である。

巣箱内の温度管理はミツバチ自身がきめ細かく行なっているので、巣箱外の比較的穏やかな温度変化には十分対応できる。しかし、巣箱をイチゴハウス内に置くと、昼間と夜間の温度変化が非常に大きくなるので対応できず、それだ

図 5-30　ミツバチの巣箱設置状況
ハウス外に設置し（左），ビニルにはハウス内へ出入りするための穴をあけておく。穴には金網を張り（右），小動物の侵入を防ぐ

厳寒期は保温資材で覆う（雨よけも必要）　厳寒期以外は雨よけのみ

図 5-31　ミツバチの巣箱への保温資材，雨よけの設置

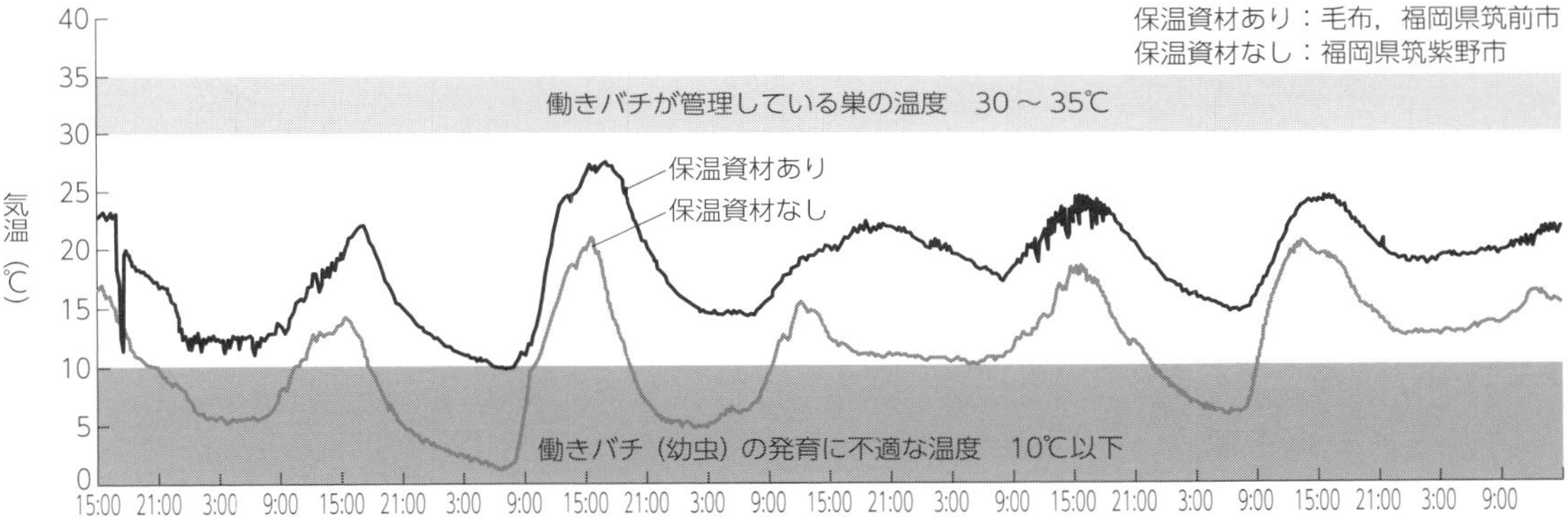

図 5-32　保温資材の有無と巣箱内部の温度推移
外気温がマイナスになる日でも，保温資材によって 10℃は維持できている（2020 年 3 月 4 ～ 10 日）

けミツバチの消耗が激しくなる。

消耗を少なくするためには、巣箱をハウス外に置き、ハチの出口付近のハウスのフィルムを開けて、出入りできるようにする（図5－30）。ただし、この設置方法は、気温がマイナスになることがほとんどない、西南暖地にかぎられる。

巣箱内の温度変化が大きいと、女王バチのストレスが大きくなり、産卵数が減少するため、訪花活動するミツバチがほとんどいなくなる。こうなると、開花する果実は不受精になりやすく、奇形果が多くなって経営に大きなダメージを与える。

巣箱内の温度変化を少なくするためには、保温資材で巣箱を覆ってやる。巣箱内の温度変化が小さくなり、女王バチのストレスが低減し、産卵が安定する（図5－31、32）。

・ミツバチの監視は怠らない

ミツバチの活動は常に監視する必要があるが、監視する時間がかぎられるので、飛来状況を詳細に把握することはむずかしい。
ハウスの天井付近を多くのミツバチが飛び回っていることがあり、訪花活動が活発であるようにみえるが、こうしたミツバチはほとんど訪花活動にかかわっていないので、かんちがいしないようにしたい。

ミツバチの訪花活動は、開花した花をよく観察することで、ある程度判断できる。開花直後の花の雌ずいの色が黄色みが強いと感じたら、指で葯を触ってみる。指先に黄色い花粉のかたまりがついたら、ミツバチが訪花していないと判断し早急に対策を立てる（図5－33）。また、黒い板の上で花をたたいて、花粉のかたまりが落ちるようであれば、同様に判断する。

巣箱内のミツバチの活動状況を確認して、頭数が減っているようであれば、新しい巣箱に入れ替えるか、他の訪花昆虫（クロマルハナバチ）で代替するかを早急に決定し、実行する。

12～2月の低温期に、安定した受精によって奇形果の発生を抑えるには、ミツバチとクロマルハナバチの併用が望ましい。その場合はクロマルハナバチの放飼箱数は通常の半分くらいでよい。

なお、巣箱の外にミツバチの死骸があっても、少ない数であれば自然死なので大きな問題はない。しかし、多くの死骸が巣箱の前にまとまっている場合は、なんらかの異変がおこった可能性が高いので、業者などの専門家に相談する。

図 5-33　不受精果の早期発見と対応策
指先で開花した花を触って，指に黄色の花粉が確認されるようなときには，花粉媒介がうまくいかず，その後不受精果が発生し，このまま放置すると不受精果が多発する。緊急的な対応策として，クロマルハナバチやビーフライの放飼が有効である

・スズメバチ被害からの回避

秋口にミツバチの巣箱を置いてしばらくすると、スズメバチに襲われることも多い。スズメバチに襲われると、数日をまたずにミツバチは大きな打撃をうける。巣箱には、スズメバチ専用のトラップ器材があり、養蜂業者からも借りることができるので、あらかじめ取り付けておく（図5－34）。

また、巣箱付近に飛来したスズメバチを捕虫ネットで捕獲し、巣箱の上に置いた粘着シートに貼り付ける方法もある。捕らえられたスズメバチの羽音を聞いたほかのスズメバチが寄ってきて、結果的に粘着シートに貼り付き、短時間のうちに多くのスズメバチを捕獲できる（図5

図 5-35　粘着シートを使ったスズメバチ捕獲

図 5-34　スズメバチ対策のトラップ

ー35)。

スズメバチは外気温が高いと、11月ころまで飛来し、たった1日でもミツバチを全滅させることもあるので、観察と注意を怠らない。

ハウスの外側に巣箱を設置する場合、開口部から小動物(アナグマなど)が侵入することがあるので、開口部には金網などを張っておく。

クロマルハナバチ

・クロマルハナバチの特徴

クロマルハナバチは、訪花に利用できる期間が45～60日程度なので、半年程度と長い開花期間中には数回導入する必要がある。それだけ導入コストは高くなるが、ミツバチにくらべて、低照度や低温でも訪花活動を行ない、ハウス内に透過する紫外線量が少なくても活発に活動する(図5ー36、37)。

図 5-36　訪花活動中のクロマルハナバチ

図 5-37　クロマルハナバチの巣箱と巣門

株元の光が当たりにくい葉陰に開花した花には、ミツバチはほとんど訪花しないため奇形果になりやすいが、クロマルハナバチは活発に訪花するので株元の果実も正常果になる。

低温時にミツバチの行動が低下したときに、クロマルハナバチを代替として利用している例も多いが、注文してから届くまで1週間程度かかることがあるので、受粉状態の異常が確認できたら早めに注文する。ミツバチとも共存できるので、ミツバチを放飼していても使用することができる。

・巣箱の設置と移動利用

クロマルハナバチの巣箱は、ハウス内に直射光線や雨が当たらないように設置する。巣箱には50頭くらいの働きバチがいるが、設置数の目安はおおよそ10a当たり1箱程度である。

ミツバチとちがうのは、巣箱の位置を移動させても使えることであり、単棟ハウス間で巣箱を移動させて使う、ローテーション利用もできる。

・紫外線がなくても訪花活動が可能

最近栽培されるようになってきた白色系品種は、温度が低い時期はほとんど白色のままで収穫できるが、温度が高くなると着色がすすむことが多い。しかし、紫外線が当たらなければ着色はやや遅くなるので、あえて紫外線カットフィルムを使っている場合がある。クロマルハナバチは、紫外線カットフィルムを被覆したハウスでも、訪花活動に支障をきたさないので、白色系イチゴの栽培に活用できる。

また、閉鎖系の植物工場など、紫外線の照射がほとんどない環境での栽培でも、訪花用として使用することができる。

・過剰訪花に注意

クロマルハナバチの使用で注意しなくてはならないのは、開花数が少ない場合、同じ花に過剰に訪花することによって、果皮表面を傷つけることがある(図5ー38)。

マルハナバチの巣箱には、飛びだすハチ数を制御できる巣門が設置されているので、過剰訪花がうかがえるときは、巣門を狭めたり閉めて、飛びだすハチ数を制限して対応する。

図 5-38　過剰訪花による雌しべの黒変（バイトマーク）この花は奇形果になる

図 5-39　ビーフライの荷姿（上）と訪花状況（下）
ビーフライは 1 パック 1,000 匹単位で送ってくる。すぐに使わないときは冷蔵庫で保管する
放飼数の基準は 3,000 匹 / 週 /10a

ハエ（ビーフライ）

最近、新しい交配昆虫として無菌バエ（ヒロズキンバエ、商品名ビーフライ）が注目されており、イチゴ栽培でも訪花活動が十分期待できる（図5ー39）。

ビーフライだけで受粉させる場合、必要な数は10a当たり3000匹程度である。稼働期間が7～10日なので、長期間使用する場合は、この間隔で放飼する必要がある。メーカーが国内なので、注文して翌日か翌々日に到着する。

サナギの状態で手元に届くので、少し高めの温度で保管すると、数日後には羽化が始まり、同時に訪花活動を始める。訪花活動の温度範囲は10～35℃と、ミツバチにくらべてかなり広い。

なお、害虫の天敵であるアマガエルは、ビーフライの天敵でもあるので注意する。

その他の受粉介助法

前述したように、開花数が少なく訪花昆虫の導入前には、柔らかい刷毛などを使った人工受粉も欠かせない。

物理的な受粉介助方式として、最近では超音波を使った受粉装置が開発されている。開花した花をめがけて超音波を当て、震動によって受粉させる。

ほかには、ドローンを使った、風による受粉装置も開発されつつある。

ハチ刺されに注意

ハチを利用する場合、まれに刺されることがあるので、アナフィラキシーショックを想定しておくことも大事なことである。刺されることはまれではあるが、人によってはたいへん危険な状態になることがある。発疹、吐き気、呼吸困難などの症状がでた場合は、ただちに病院で治療を受けるようにする。

なお、アナフィラキシーを発症する危険のある人は、エピペン（注）を手元に置いておくと緊急のときに対応できる。

医療機関で抗体検査ができるので、イチゴ園で働く人は検査を受けておいたほうが、刺されたあとの対応が迅速にできる。また、観光イチゴ園では不特定の客が来場するので、来場者にこれまでハチによる障害を受けたことの有無などを、ハウスにはいる前に確認しておくことも必要である。

刺された場合、毒液を吸い取ることができる器具（ボイスンリムーバー）がある。この器具を使うことで、刺されたあとのはれがひどくなるのを防ぐことができる。

〈注〉エピペンはアドレナリン自己注射製剤で、医師の治療を受けるまでのあいだ、アナフィラキシー症状の進行を緩和し、ショックを防ぐための補助治療剤である。購入には医師の処方が必要。

11 生理障害対策

ガク枯れ

・マグネシウム欠乏が原因

頂果房の果実が白熟期近くになったころに発生し、ガクが褐変する現象である。以前からこの現象は知られており、枯れたガクを分析すると鉄の含量が少ないことから、鉄欠乏と判断されることも多かった。しかし、メロンやトマトでは収穫時期が近づくと、果実近くの葉を中心にマグネシウム欠乏が発生するが、イチゴも同様にマグネシウム欠乏症と考えられる（図5―40）。

同じ株でも、同時期に出現している腋果房には発生しないので、土壌中からの吸収量の問題ではなく、体内含量が少ないことによる、転流の偏在が原因と考えられる。イチゴ体内のマグネシウム含量が少ないため、細胞分裂が盛んな新しい組織である腋果房へマグネシウムが優先的に配分されたり、葉緑素が分解された結果、ガクの褐変が発生したと考えられる。根腐れなどで根の活性が低下すると、ガク枯れの発生を助長する。また、根部活性の低い品種でも発生しやすい。

図5-40　イチゴのガク枯れ症状
果実のガク部分の緑色が褪色し，症状がすすむと赤褐色～褐色に変色する。果実品質には大きな影響はないが，見栄えがわるくなり商品性が低下する。頂果房だけでなく腋果房でも果実が肥大したころから収穫期にかけて発生する

ガク枯れを防ぐには、ガク付近へのマグネシウム剤の葉面散布や、マグネシウムを含む液肥の施用が速攻的な効果がある。ガク枯れの兆候がみえたころに施用すると、それ以降の発生が抑制できる。

ただし、根張りが悪い場合には吸収量が少なく、施用効果がみられない例もあるので、その場合は葉面散布をする。前作でガク枯れが多くみられた場合は、元肥にマグネシウムを多く施用すると抑制効果が高い。

・亜硝酸ガスが原因の場合もある

ガクをよくみると、内側に向いたガクと、外側に反り返ったガクが交互にでている。外側に反り返ったガクだけに褐変やガク枯れがみられる場合は、土壌からの亜硝酸ガスによる障害が考えられる。

土壌に施用されたアンモニア態窒素は、土壌中の亜硝酸生成菌によって亜硝酸態窒素になり、その亜硝酸態窒素は硝酸生成菌によって硝酸態窒素に変化する。低いpHで、温度が低くなるなどの条件では、亜硝酸生成菌と硝酸生成菌の活動が低下して、土壌中に亜硝酸態窒素が集積し、ガスとなってマルチの植穴から漏れだし、イチゴのガクに障害が発生する。

低温時に、ぼかし肥などをマルチした土壌表面に施用した場合や、土壌表面への一時的な追肥によって発生することがあるので、追肥では十分注意する。

種浮き果

収穫期をむかえた果実で、痩果が飛びでているようにみえるのが、種浮き果である。種が浮いているようにみえるので種浮き果と称されているが、実際には、果実の肥大期後半に、果肉の肥大が抑制されたために発生する現象で、痩果が飛びだしているのではなく、痩果間の果肉の盛り上がりがないために発生する。

着果負担が増加することによる株疲れによって、果実、とくに果肉部の肥大が抑制されることでも発生する。対策は、草勢を収穫後期まで維持して、果実をスムーズに肥大させることで抑制できる。

種浮き果は、病害虫が発生した果実でもみら

れる。果実の一部にうどんこ病が発生すると、その部分が種浮き果の状態になる。うどんこ病によって、痩果間の果肉の発育（盛り上がり）が抑えられ、結果的に痩果が飛びだしてみえる。

スリップスの被害果でも、食害によって果皮が硬くなり、果肉の発育が抑制されるため、種浮き果が観察される。

また、微小昆虫の食害によって発生する種浮き果では、果皮が硬くなり柔軟性が失われ、果実の肥大に対応できず果実表面が細かく裂ける、裂皮も発生する。

12 病害虫防除の注意点

ここでは、病害虫防除作業の注意点や天敵、物理的防除についての解説にとどめたので、個々の病虫害や防除については、病害虫の専門書や産地や公的機関で発行されている資料を参照していただきたい。

散布ノズルは年1回程度交換する

一般的な噴霧方式は、ポンプで高い圧力をかけ、薬液を狭いノズルを通すことで薬液の粒子が微細になり、植物の葉などにまんべんなくかかる仕組みになっている。噴霧口から勢いよくでた薬液は、高い圧力によって水滴が細かくなり拡散される。最も拡散している部分が、イチゴに当たるような距離を維持することが大切になる。

何年も、散布ノズルを交換することなく使用している例も多いが、ノズルは使用するたびに少しずつ摩耗し、薬液の出口が徐々に大きくなり、細かな薬液がでにくくなるので、できれば年1回程度は新品に交換する。

葉裏を中心に十分な薬液をかける

病害虫は、光の当たりにくい葉裏に生息していることがほとんどなので、葉裏を中心にして噴霧する。

葉裏まで十分な薬液で濡らすためには、ある程度水圧を上げて散布する。また、静電気を薬液に付与できる噴霧器を使うと、葉裏にも十分かかりやすくなる。こうした防除を徹底することで、薬剤散布の効果がてきめんに上がり、高い病害虫防除効果が期待できる。

イチゴの葉は細かな毛で覆われていて、薬液が葉面に付着しにくいので、展着剤を利用する。

感水試験紙を使って付着状態を確認する

実際に薬液が葉裏にまんべんなく付着しているか、また薬液が十分に細かな粒子になって付着しているかを確認したいときは、感水試験紙を使うとわかりやすい。

薬剤散布前に、感水試験紙を葉裏に貼り付けておくか、群落内に裏向きにして取り付けておき、散布後に感水試験紙を観察する。薬液の大

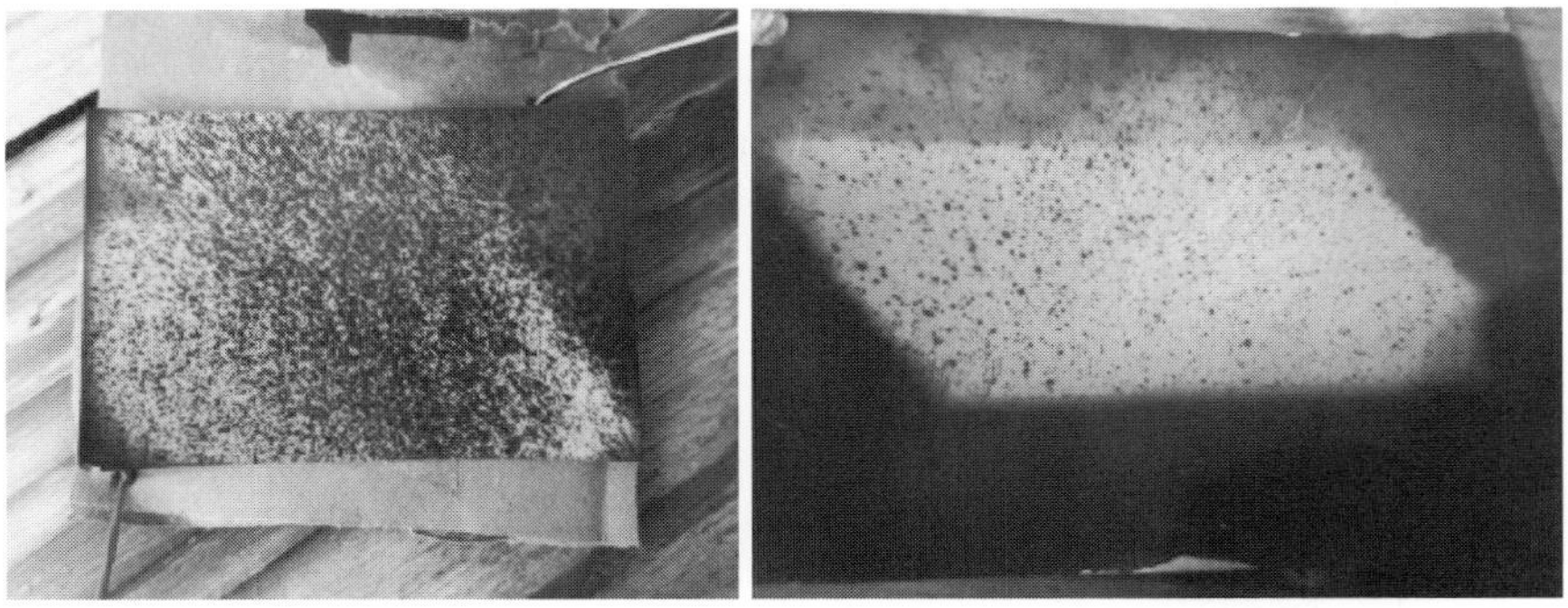

この場所は，小さな薬液がほぼ全面に付着している

この場所は，大小の薬液が混在し，付着状況も不均一

図 5-41　感水試験紙を使った噴霧液の着生状況確認

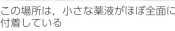

きさや、一定面積当たりの付着数、薬液の粒子の大きさを目で確認して散布技術を診断する（図5－41）。

薬剤をまんべんなく付着させるために

薬剤散布の効果を上げるには、まんべんなく薬剤を散布することである。そのためにまず大事なことは、前述したように、噴霧ノズルの穴は年々摩耗によって広がり、細かな霧になりにくくなるので、できれば1年くらいでノズルを交換することである。

また、イチゴは地ぎわ部に葉が密生しているため、噴霧した薬液が葉に付着していないこともある。それが、薬剤散布の効果を不安定にしている要因にもなっている。

葉裏に薬液を付着させるためには、ある程度の圧力をかけて葉裏中心に噴霧する。葉表を中心に薬剤散布している例も散見されるが、葉表は上に舞い上がった薬液が自然に落ちてくるので、葉裏だけに散布しても結果的に葉表には十分な薬液が付着する。

使用する薬液量は、生育が旺盛な時期にまんべんなく付着させるには、10a当たり500ℓ程度準備する。

ローテーション散布にはRACコードを利用しよう

ハダニ類のように、施設栽培の栽培全期間をとおして発生する害虫は、化学農薬に対する抵抗性が発生しやすい。それを防ぐには、有効成分が同じ系統の薬剤を連用しない、ローテーションによる予防的な防除が中心となる。

成分名だけでは、同じ系統かどうかの判断がむずかしいことがあるので、農薬の製品ラベルに記載されているRAC《ラック》コードという、作用機構の分類表示を利用することで、連用の可否が判断できる（第2章7項の囲み参照）。

RACコードは最近かなり使われるようになってきており、殺虫剤はIRAC《アイラック》コード、殺菌剤はFRAC《エフラック》コードで示されている。

天敵を利用したハダニ類の防除

イチゴでは、さまざまな天敵昆虫が利用されるようになっている。とくにハダニ類の防除には、有効性が高いことが現場で確認されている。

ハダニ類の防除には、天敵ダニを使った防除も有効である。天敵を有効に利用するためには、ハダニ類の発生状況を常に観察し、発生初期の段階で天敵を放飼する、とされている。

しかし、ハダニ類の初期発生の判断はなかなかむずかしい。それで、ハダニ類がみえなくても1カ月間隔で3回程度放飼する、スケジュール放飼によって安定した効果が期待できる（図5－42）。

天敵を使っていてもハダニ類が発生することがある。そんなときは、被害が大きくなる前に化学農薬でいったん抑えてから、再び天敵を利用するとよい。

なお、物理的に防除ができる気門封鎖型の殺虫剤や、微生物農薬は抵抗性がつきにくく、化学農薬との併用もできる。

最近では、微生物を使った農薬も使われるようになっている。たとえば、ボタニガード水和剤は、マルハナバチ、ミツバチ、天敵などへの

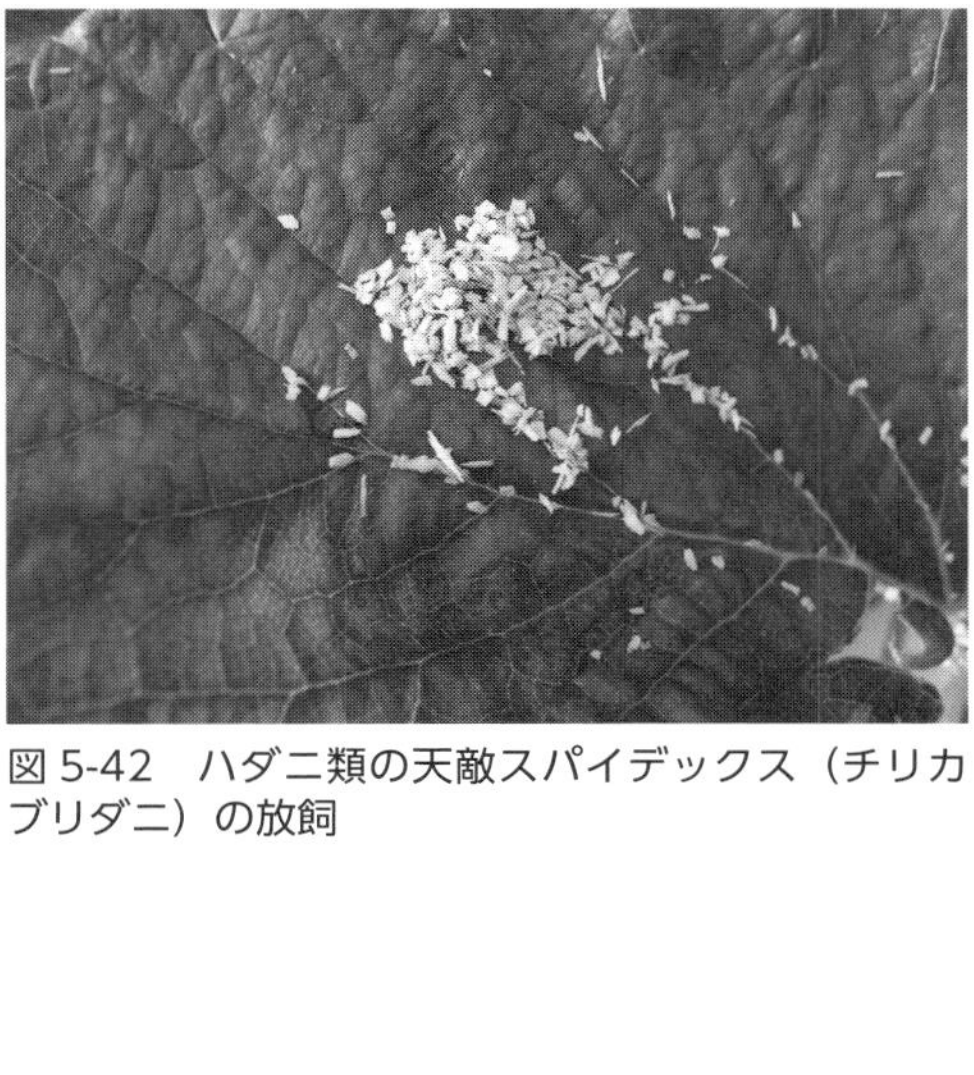

図5-42　ハダニ類の天敵スパイデックス（チリカブリダニ）の放飼

影響が少なく、環境に優しい微生物製剤である。ハダニ以外の微小害虫やうどんこ病菌に対しても防除効果がある。

物理的な防除法

光や色を利用して、害虫の侵入や増殖を抑える防除法がある。これを利用することで、化学農薬の使用量を減らすことができ、したがって薬剤抵抗性の発達も抑制できる。

・捕殺用テープ

粘着剤を使った捕殺用テープがある。一般的には、スリップスには青色、アブラムシやハモグリバエには黄色が用いられている（図5－43）。

・紫外線の利用

紫外線を利用する方法もある。UV‐B電球型蛍光灯は紫外線を照射してイチゴの病害虫を防除するシステムで、夜間3時間ほど照射することでうどんこ病やハダニ類への効果がある。

電照用のソケットにUV‐B電球型蛍光灯をさして、タイマーを使って夜間に3時間紫外線を照射する（図5－44）。電球とイチゴの葉の距離が近いほど照射強度が高くなり効果も高くなるが、距離が近すぎると葉に日焼け症状が発生することがある。

図5-43　害虫捕殺のための粘着シート

図5-44　UV-B電球型蛍光灯の設置状況

図5-45　スリップスなどの侵入防止のための防虫網（ハウス側面）や反射資材（地面）の設置状況

草勢が旺盛になると光源との距離が近くなり、日焼け症状が発生しやすくなるので、最も高い葉の位置に合わせて、上下への移動が必要である。

・防虫ネット

ハウスの開口部に防虫ネットを展張すると、害虫の侵入防止効果がある。とくに、赤色ネットを展張するとスリップスに効果がある。

防虫ネットでは目合（目の大きさ）の選定も重要で、目合が0・4㎜程度であればスリップスでも侵入しにくくなるが、その一方、通風性が低下してハウス内の温度が下がりにくくなる（図5－45）。

・LED

赤色LED　昼間に赤色LEDをハウス内のイチゴの葉に照射すると、スリップスの侵入防止効果がある。ただし、いったんスリップスが定着したあとでは効果はないので、育苗時期から早めに設置する。また、夜間に照射するとむしろ誘引することになるので、昼間だけの照射とする。

黄色LED　黄色LEDの照射による、ハスモンヨトウの忌避効果も確認されている。ただし、イチゴに黄色LEDを常時点灯すると、長日効果によって腋果房の花芽分化が遅れるので、直接当たらないように外方向に向けて照射する。しかし、広島県などが開発した点滅型の黄色ＬＥＤであれば、イチゴに直接照射しても長日効果がなく、腋果房の花芽分化には悪影響がないので、使用方法を考慮して選択する。

青色ＬＥＤ　青色ＬＥＤには、昆虫の致死効果もあることが明らかになりつつあり、イチゴハムシでは卵とサナギへの殺虫効果が確認されている。

・反射資材

同じ白色でも、紫外線を反射する資材はスリップスの忌避性が高く、反射しない資材は忌避性が低い。この反射資材を、ハウス周囲に１ｍくらいの幅で設置すると、スリップスがハウス内に侵入しにくくなる。

・黄色光＋ファン

黄色光とファンを利用して捕殺する方法もある。光がイチゴの葉に直接当たらないように、高設栽培の架台下にファンと捕虫ネットのついた黄色蛍光ランプを設置する。

13 その他の栽培管理と診断

摘果、摘果房

摘果　果実の大きさには、痩果の数が大きく影響する。果実の痩果数は開花時には決まっているので、摘果によって残された果実が大きくなることはない。しかし、つぎの果房への影響は大きく、痩果数が増加して果実が大きくなるとともに、出葉速度が速まりつぎの果房が早くあらわれる。

摘果房　果房に残った果実が小果で数個であれば、果房ごと根元から摘除する。摘葉のもうひとつの目安が、摘除する古い果房より下位の葉（摘除する果房がついていた腋芽の葉）なので、果房ごと摘除しても果実や生育への悪影響はない。

摘葉

摘葉は、黄化が始まった下葉や、ツヤのなくなった葉を中心に、葉柄の元から摘むようにする。葉の大きさはそれぞれの栽培で大きくちがうので、一律に残す葉の大きさを決めて摘葉することは避けたい。

下位葉の摘葉ではけっこう悩む場合もあるが、以下のように対応したい。まず、葉身の大きな葉の場合は、葉数が少なくても下位葉に光が当たりにくいので、色ツヤが低下するとともに黄化が始まったら、早めに摘除する。逆に、葉身が小さい葉は、葉数が多くても下位葉に十分光が当たるので、摘葉しなくてもよい。

また、果実が着生している芽についている葉は、できるだけ残す。そして、果房内の収穫がすすみ、着生している果実がなくなった果房は早めに摘除するが、そのときは果房についている葉も一緒に摘除する。

原因不明の生育障害が発生した場合の診断

長い栽培期間中には、果実や株に異常がみられることがある。病害虫による被害かどうかなど、典型的な症例は経験である程度判断できるが、微妙な症例では即断できないこともある。

症状が急速にすすむ場合は病気によるものが多く、この場合には専門機関による診断が欠かせない。一方、症状がじわじわすすむか、あるいは生育が停滞する場合には生理障害の可能性が高い。

そんな場合でも、対応策が必要かどうかを含めて原因を確認し、早急に対応策を立てる必要があるが、そのときの見極めが不可欠である。地上部の環境要因によるものか株の内的な問題なのか、あるいは地下部の環境要因によるものなのか判断ができれば、ある程度の診断が可能である。

たとえば、異常果が発生した場合は、まず、発生した株が局所的に限定されているのか、あるいは全体で発生しているのか、ハウス内での分布を確認する。

つぎに、異常果の果房内での次数を確認する。当然、株によって生育の遅速があるが、それにもかかわらず発生した次数が同じであれば、環境要因より株の内的な問題による影響が大きいと判断する。反対に、果房内の次数に関係なく、ある時期に発生していれば、ハウス内の温度など環境要因か、病害虫防除に起因する薬害が想定される。

培養土の影響かどうかの判断には、土壌のEC値やpHを測定することが、原因究明につながることが多い。土壌ECの測定では、土中に挿入する機器は比較的精度が高く、深さごとに測定できる。土壌のpHについては、簡易に測定できるキット（比色式pH検定器）を使えば、微量の土壌でも測定ができる。

障害が発生した場所にキュウリの種子を播種すれば、数日後に発芽する。土壌に問題がなければ順調に生育するが、キュウリの発芽異常や生育に障害がみられれば、土壌によるなんらかの影響で発生したものと判断できる。

果実の糖度に影響する要因

・温度環境と糖度

果実の糖度には、成熟時期の温度が大きく影響する。同じ時期に開花した果実でも、低い温度で管理したハウスの果実糖度は確実に高くなる。

果実の糖度は成熟期間が長くなるほど高くなるが、収穫は果実表面の着色で判断する。そのため、温度が高い場合は、果実の糖度が上がるより先に果実が赤くなり、収穫せざるをえなくなるので、結果的に糖度があまり高くない。

観光イチゴ園の果実は、糖度が高いと評価されることが多い。これは市場出荷の場合は流通期間中に着色がすすむことを考えて、完熟前に収穫するためである。観光農園では、ヘタ部まで完全に着色したものを収穫するので、開花から収穫までの期間が長くなり、完熟果を収穫することになるので、糖度が高くなる。

・土壌水分と糖度

土壌の水分管理も果実糖度に大きく影響する。土壌水分が潤沢だと果実への水分供給も増え、糖度が上がらないが、土壌水分が少ない環境では果実糖度も比較的高くなる。ただし、土壌水分が少ない状態が持続すると生育速度の低下がおこり、収穫量も少なくなるので、極端な節水管理は避けるようにする。

また土壌水分が少なく、根にストレスがかかっている状態のとき、過剰な水分を供給する

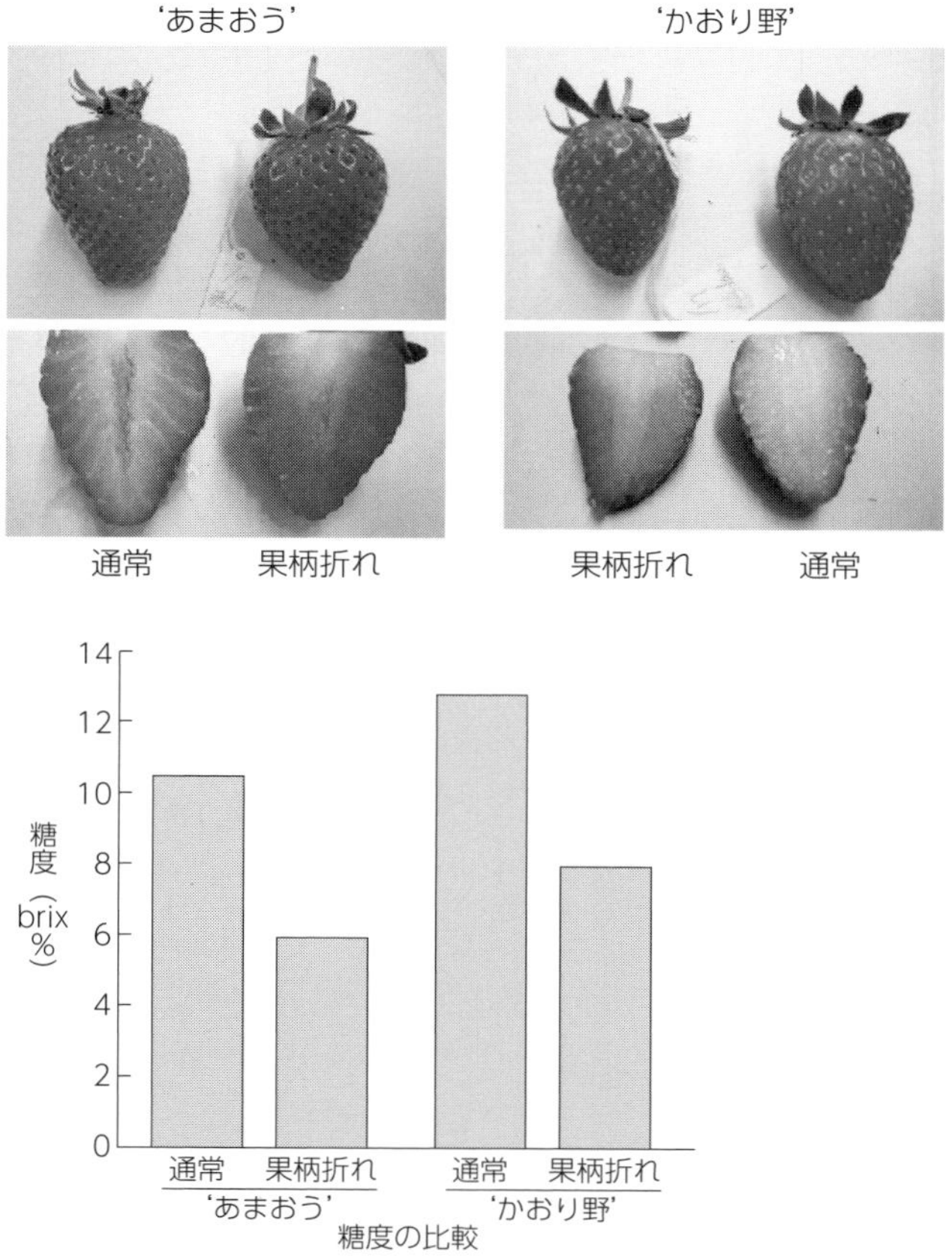

図 5-46　果柄折れが果実と糖度におよぼす影響
‘あまおう’‘かおり野’ともに外観では差がみられなかったが，断面は果柄を折ったものが赤くなっていた（上の写真）が，糖度（brix %）は果柄を折った果実が約 40%低くなった（下のグラフ）

と、果実への水分流入量が増加する。果実には、余分な水を排出する水孔がヘタ部分にしかないうえ、果実表面は柔組織で構成されているので裂果することなく果実が膨れ、その分糖度が低下する。

・果柄が折れると糖度が著しく低下する

品種によっては果柄が折れやすい。果柄が折れると、果実の外観に大差なく、果肉の赤みは多くなるが、糖度が著しく低くなる（図5－46）。

果柄が折れないように、果房を受けるネットやビニル線を収穫期前までに張っておくことが、果柄折れ対策として有効である。栽培槽の縁から5cm程度離した位置に定植することも効果が高い。

14 収穫した果実の取り扱い

「傷んだ果実は元にもどらない」を念頭に収穫

・収穫トレイの底には緩衝材を敷く

収穫は、「傷んだ果実は元にはもどらない」ことを念頭において行なう。みためにはわからなくても、収穫時に指で強く押したりした果実は、その後、徐々に傷みが表にあらわれる。

収穫トレイは、搬送するときは密接に積み重ねができ、果実がはいっているときは、果実にトレイの底がつかないよう、浮いた状態で積み上げることができる仕様のものを選定する。

収穫トレイの底にはスポンジなどの緩衝材を敷き、果実は1段の平積みとして、2段以上に重ならないようにする。また、収穫トレイに果実を置くときは、傷みがでないようていねいにあつかうことを、常に意識することが大切である。

収穫トレイの緩衝材を長期間使いつづけると、どうしても果実汁液が緩衝材に残り、そこを中心にカビが発生しやすくなり、収穫した果実へカビが伝染し鮮度が損なわれる。緩衝材は1～2カ月ごとに洗って殺菌して、果実へのカビの伝染を抑制する。

・温度の低い時間帯に収穫する

傷みをできるだけ少なくするための重要なポイントが、温度の低い環境で作業することである。そのためには、収穫作業は品温の低い早朝に行ない、収穫後は果実温度が上がらないよう、できるだけ早く冷蔵庫へ搬入する。このように、果実温度を常に低く保つことが、鮮度保持に大きく影響する。

やむをえず日中に収穫せざるをえない場合は、光の当たっていない側の収穫を優先する。たとえば、南北方向の架台では、午前中は直射光線の当たっていない西側の果実を収穫し、午後は日陰になる東側の果実を収穫するようにする。

3月以降、暖かくなって収量が一気に増加する時期は、果実温度の低い時間帯の収穫作業を徹底するため、日の出前から電照ランプやヘッドランプを点けながら収穫している例もよくみられる。

・収穫後はできるだけ早く冷蔵庫にいれる

ある程度収穫量がまとまってから冷蔵庫へ搬入する例も多く、収穫してから数時間経過していることもめずらしくない。時間が経過するほど、果実温度が高くなり傷みやすくなるので、収穫したらできるだけ短時間で冷蔵庫にいれたい。そのためには、収穫場所から冷蔵庫に搬入するまでの動線を、できるだけ短くする工夫が欠かせない。

ハウスから冷蔵庫が離れている場合は、保冷剤をいれた発泡スチロールなど断熱性の高い容器に一時的に保管するなど、収穫後の果実温度をできるだけ上げない工夫が必要である。

冷蔵庫の温度は5℃程度に設定

冷蔵中の温度をできるだけ下げることによって、果実の呼吸が抑制されるので、貯蔵中の鮮度保持効果が向上する。呼吸速度の大小は品質低下の速度とほぼ比例するので、冷蔵中の温度は、凍結しない範囲でできるだけ低く維持する。

　庫内温度が精密に制御された冷蔵庫内では、イチゴの果実はマイナス1℃までは凍結しない。しかし、一般に使われている冷蔵庫は温度のブレが大きく、平均値からプラスマイナス3℃以上も変動する。それだけでなく、吹出口付近や隅など、庫内の場所による温度ムラもけっこう大きい。これらのことを加味すれば、5℃程度に設定するのが無難である。果実が凍結したのでは、生鮮果実としての価値がなくなる。

　庫内では、冷風の流れがさえぎられないよう、冷風の通り道を設ける。また、冷風がそれぞれの収穫トレイを通るように積み重ねることも欠かせない。収穫トレイには、冷風が通りやすいように積み重ねられるものもある（図5－47左）。

冷蔵庫内の湿度も大切

　貯蔵中の湿度も、品質保持に欠かせない重要な要素である。果実まわりの湿度が低いと、ガクからの水分の蒸散が多くなり、品質低下がおこりやすくなる。結露しない範囲で、できるだけ高い湿度を維持するように管理する。

　ただ、低温になるほど空気中に含まれる飽和水蒸気量が少なくなるので、水蒸気量のわずかな変化でも相対湿度は大きく変動する。加湿器で相対湿度を一定に維持することが必要になるが、一般的な冷蔵庫では加湿器による制御がむずかしい。

　庫内の湿度を維持するには、収穫トレイ全体を覆うことができる、保湿性の被覆資材を活用すると効果が高い（図5－47右）。

トレイ向きを交互に重ねることでトレイ間のすき間が確保できる

トレイを保湿性資材で覆うことで鮮度の維持ができる

図 5-47　果実貯蔵庫内での鮮度維持の工夫

パック詰めでの傷みに注意

　収穫後の果実の傷みは、果実を触った強度や回数に比例する。鮮度の低下を防ぐためには、果実にふれる強度や回数が少なくなるようなパック詰めが大切で、その技術の差が鮮度維持に大きく反映する。

　パック詰めの速いベテランの人は、意識していなくても、収穫トレイのなかからつぎにパックにいれる果実を瞬時に正確に選別しているので、ふれる回数も必然的に少なくなる。慣れない人は一度にうまく選別できず、果実を取り換えることが多くなり、選果場や流通段階で傷みの発生が多くなる。

　パック詰めには多くの労力がかかるが、非常に高度で繊細な技術が必要なので、慣れない人にまかせることができないのが現状である。パック詰めの労力を低減するためには、ベテランでなくてもパック詰めのできる体制を整えることが必要である。原点にもどって、お客さん（消費者）の許容範囲を優先させることで、パック詰めの簡素化の余地は十分あると思われる。

選果機導入の検討

　パック詰め労力を低減するには、選果機の活用も考えられる。夏イチゴの事例ではあるが、北海道浦河町の夏イチゴ産地では、すでに機械選果機を導入しており、作付面積の拡大や新規就農者の増加につながっている（図5－48）。

　また、選果機をスーパーのバックヤードに設置することも検討されてよい。これまでの選果

図 5-48　イチゴの自動選果機（北海道 JA ひだか）

機の使用は生産者段階であったので、選果してから消費者の冷蔵庫にはいるまでの時間が長くなり、そのあいだに傷みがでていたが、それを防ぐことができる。

　傷みの防止だけでなく、実際の重量に相当する単価設定ができれば、これまで設定重量をオーバーしてパック詰めしていた、生産者のカウントされない収量が計上できるようになり、収益が増加することにもなる。

著者略歴

伏原　肇（ふしはら　はじめ）

1951年長崎県生まれ。

1972年園芸試験場（現 農研機構九州沖縄農業研究センター 久留米研究拠点）に勤務。主にイチゴ，メロンの育種，成分分析に従事。1981年福岡県農業総合試験場園芸研究所に勤務。主にイチゴの育種，栽培技術開発に従事。1999年福岡県庁農政部に勤務。2001年福岡県を退職。エモテント・アグリ株式会社筑紫野オフィスで，イチゴの新品種，新技術開発に関する研究，コンサルティングに従事。

2021年九州大学大学院　生物資源環境科学府大学院後期博士課程　単位修得後退学。

主な研究業績

○品種開発
国（農水省）および福岡県の研究機関で，‘とよのか’や‘あまおう’をはじめ，多数のイチゴ品種を育成。民間では，‘あま女王’‘あまたんく’を育成（2017年）。

イチゴ以外にもメロン，トマト品種を育成。
○主な栽培技術開発
・花芽分化促進のためのイチゴの夏季低温処理法の開発
・育苗の省力・軽労化のためのイチゴ小型ポット育苗システム（愛ポット）の開発
・養液栽培方式に代わる高設栽培システムを開発
・多収化を実現するための新栽培システムを開発
・収量が安定的に増加する「イチゴのクラウン温度制御法」を開発
・農薬を使わないイチゴの病害虫防除法「蒸熱処理技術」の開発支援，販売

主な著書

『イチゴ　女峰・とよのかをつくりこなす』（共著，農文協），『イチゴの作業便利帳』（農文協），『イチゴの作業便利帳　増補改訂版』（農文協），『イチゴの高設栽培』（農文協），『野菜園芸大百科　イチゴ編』（共著，農文協），他多数。

表彰

・福岡県知事表彰：福岡県在職時に顕著な研究業績に対して福岡県知事表彰を３回受賞
・平成24年度（第13回）　民間部門農林水産研究開発功績者表彰　農業技術会議会長賞　「イチゴのクラウン温度制御方法」
・平成24年度　園芸研究功労賞
・平成28年度（第100回）　農事功績者表彰　緑白綬有功章

イチゴ高設栽培の作業便利帳

—中休みなし・安定多収のポイント

2023年11月25日　第1刷発行

著　者　伏原　肇

発行所　一般社団法人　農山漁村文化協会
〒335-0022　埼玉県戸田市上戸田2丁目2−2
電 話　048(233)9351(営業)　048(233)9355(編集)
FAX　048(299)2812　振替00120-3-144478
URL　https://www.ruralnet.or.jp/

ISBN978-4-540-21105-8
〈検印廃止〉

編集・DTP制作／(株) 農文協プロダクション
印刷・製本／TOPPAN(株)
定価はカバーに表示
乱丁・落丁本はお取り替えいたします。

オランダ最新研究
環境制御のための植物生理
エペ・フゥーヴェリンク、タイス・キールケルス箸
中野明正、池田英男監訳　４９００円＋税

オランダの施設園芸生産者向けテキストの日本語版。多収に欠かせない環境制御技術の根拠となる植物生理を解説。植物の機能から植物の環境反応、養分の役割、植物の防御と生産物の品質まで。野菜・花卉農家待望の書。

施設園芸・植物工場ハンドブック
一般社団法人日本施設園芸協会　企画・編集　６８００円＋税

施設園芸の資材から栽培技術、流通販売までの要点を網羅。高度な環境制御技術などによってほぼ周年で収穫する植物工場の栽培技術・経営のノウハウも充実。これから植物工場に参入しようとする人にも最適な入門書。

マルハナバチを使いこなす
――より元気に長く働いてもらうコツ
光畑雅宏著　１８００円＋税

マルハナバチは花粉を運んで植物の受粉を助けてくれる「運び屋」。本書はその農業利用について書かれた初めての解説書。より元気に長く働いてもらうためのコツが満載。トマトのほか、ナスやイチゴ、果樹の利用も解説。

農家が教える
軽トラ&バックホー
――使いこなし方、選び方
農文協編　１８００円＋税

軽トラとバックホーの基本から選び方、作業がラクになる裏技、アイデア器具までを紹介。軽トラは積み下ろしをラクにする器具やぬかるみ脱出術、ロープワークなど。バックホーは操作方法や各種アタッチメントなど。

使い切れない農地活用読本
――荒らさない、手間をかけない、みんなで耕す
農文協編　１８００円＋税

田園回帰ブームの今、農地を余らせておくなんてもったいない。半農半Xや有機農業で人を呼び込み、手間のかからない品目で遊休農地をフル活用。「25のおすすめ品目」や「64の用語集」「農地制度のQ&A解説」付き。

小さいエネルギーで暮らすコツ
――太陽光・水力・薪&炭で、電気も熱も自分でつくる
農文協編　１８００円＋税

ミニ太陽光発電システムや庭先の小さい水路を使う電力自給、熱エネルギー自給が楽しめる手づくり薪ストーブなど、農家の痛快なエネルギー自給暮らしに学ぶ。写真・図解ページも充実。輸入任せのエネルギー問題を再考！

（価格は改定になることがあります）

今さら聞けない　農薬の話　きほんのき

農文協編　１５００円＋税

農薬の成分から選び方、混ぜ方までQ&A方式でよくわかる。農薬のビンや袋に貼られたラベルでわかること、ラベルに書いていない大事なことに分けて解説。農薬の効かせ上手になって減農薬につながる。

今さら聞けない　肥料の話　きほんのき

農文協編　１５００円＋税

おもに化学肥料の種類や性質などについて、きほんのきをQ&Aで紹介。チッソ・リン酸・カリ・カルシウム・マグネシウムの役割と効かせ方を図解に。シンプルで安い単肥の使いこなし方も。肥料選びのガイドブックに。

今さら聞けない　有機肥料の話　きほんのき
――米ヌカ、鶏糞、モミガラ、竹、落ち葉からボカシ肥、堆肥まで

農文協編　１５００円＋税

身近な有機物の使い方がわかる。米ヌカや鶏糞、モミガラの使い方のほか、それらを材料とするボカシ肥や堆肥のつくり方・使い方まで解説。有機物を使うときに知っておきたい発酵、微生物のことも徹底解説。

今さら聞けない　除草剤の話　きほんのき

農文協編　１５００円＋税

除草剤の成分から使い方、まき方までQ&A方式でわかる。除草剤のボトルや袋のラベルから読み取れること、ラベルには書いていない大事な話に分けて解説。除草剤使い上手になってうまく雑草を叩きながら除草剤削減。

農家が教える　草刈り・草取り　コツと裏ワザ
――刈り払い機のきほん、モア、鎌、ニワトリ、太陽熱、米ヌカ、チェーン除草など

農文協編　１６００円＋税

刈り払い機のきほん、切れ味鋭くラクに速く刈るための工夫、リモコン式草刈り機や鎌の種類と使い方、畑と田んぼの草取りのさまざまな定番道具・アイデア道具、ニワトリ・火力・太陽熱・米ヌカによる除草など。

農家が教える　農家の土木
――バックホーを使いこなす　道路・水路・田んぼを直す　豪雨に備える

農文協編　１６００円＋税

道路、水路のちょっとした補修は自分でやったほうが安く、早い、勝手がいい。農家の小さな土木工事の基礎講座。コンクリートやバックホーの使い方から、コンクリート舗装や水路の水漏れ修理のやり方、田んぼの合筆まで収録。

（価格は改定になることがあります）